本教材获浙江师范大学实验教学示范中心立项资助

U0192968

Java Web 应用系统开发基础教程

主编 袁利永 刘日仙 叶安新

浙江工商大学出版社
ZHEJIANG GONGSHANG UNIVERSITY PRESS
·杭州·

图书在版编目（CIP）数据

Java Web 应用系统开发基础教程 / 袁利永，刘日仙，
叶安新主编 . — 杭州：浙江工商大学出版社，2022.2（2022.11 重印）
ISBN 978-7-5178-4844-8

Ⅰ.① J… Ⅱ.①袁… ②刘… ③叶… Ⅲ.① JAVA 语
言—程序设计—教材 Ⅳ.① TP312.8

中国版本图书馆 CIP 数据核字（2022）第 016151 号

Java Web 应用系统开发基础教程
JAVA WEB YINGYONG XITONG KAIFA JICHU JIAOCHENG
袁利永　刘日仙　叶安新 主编

责任编辑	王　琼
封面设计	浙信文化
责任校对	沈黎鹏
责任印制	包建辉
出版发行	浙江工商大学出版社
	（杭州市教工路 198 号　邮政编码 310012）
	（E-mail：zjgsupress@163.com）
	（网址：http://www.zjgsupress.com）
	电话：0571-88904980，88831806（传真）
排　　版	杭州市拱墅区冰橘平面设计工作室
印　　刷	浙江全能工艺美术印刷有限公司
开　　本	787mm×1092mm　1/16
印　　张	15.5
字　　数	329 千
版 印 次	2022 年 2 月第 1 版　2022 年 11 月第 2 次印刷
书　　号	ISBN 978-7-5178-4844-8
定　　价	46.00 元

前　言

　　本书较为全面地介绍了 Java Web 应用系统开发技术（JSP），由浅入深、循序渐进地介绍了 JSP 的基本概念、语法规范、关键技术等内容。本书以大量典型性、实用性案例为载体，从基本的 JSP 概述和运行原理开始，逐步深入地对 JSP 关键技术进行详细的讲解，并提供较多的课后练习，方便读者对相关的知识与技能进行巩固。全书与实际开发结合紧密，是一本很易上手的 JSP 开发入门图书。

　　全书共分 8 章。第 1 章介绍 JSP 的特点及重要性，对 JDK、Tomcat 服务器和 Eclipse 的安装、配置与使用进行了详细介绍。第 2 章讲解 JSP 页面的基本结构，主要包括 HTML、JSP 指令标记、JSP 动作标记以及 Java 代码段和 Java 表达式等 JSP 页面元素的使用。第 3 章讲解 JSP 的内置对象，强调这些内置对象在 JSP 应用开发中的重要性，并结合大量实例讲解常用内置对象的使用方法和应用场景。第 4 章讲解什么是 JavaBean，以及使用相关标签在 JSP 页面中创建 bean 并访问或修改其相关属性的方法，还介绍了使用相关容器对象在不同 JSP 页面之间传递 bean 的方法。第 5 章介绍如何创建、配置和访问 Servlet，并对 Servlet 的运行原理进行了详细的讲解，所用的实例对于理解和掌握 Servlet 很有帮助。第 6 章讲解 MVC 开发模式，对 JSP 页面、JavaBean 和 Servlet 在 MVC 开发模式中的角色和作用进行了重点介绍，并按照 MVC 开发模式给出了易于理解的实例。第 7 章讲解如何访问数据库，这是 Web 应用开发中非常重要的一部分内容，以 Microsoft SQL Server 数据库为例介绍数据库相关知识，详细讲解了使用 JDBC 实现数据库操作的方法，所用的实例都是 Web 应用开发中经常使用的模块。第 8 章讲解如何基于 Web MVC 模式开发一个简易聊天室系统，目的是使读者掌握一般 Web 应用系统中常用模块的实现方法。本书的每一章都配有相应的课后练习，除第 8 章外的其他章节都配有教学视频。

　　本书的第 2 章由刘日仙老师编写，第 6 章由叶安新老师编写，其余章节由袁利永老师编写。另外，本书的出版和相关教学视频的制作获浙江师范大学实验教学示范中心立项资助。

　　希望本书对读者学习 Java Web 应用系统开发有所帮助，并请读者批评指正。

编　者

2021 年 12 月

目　录

第 1 章　JSP 及其开发环境介绍

第 4 章　JavaBean 基础

第 5 章　Servlet 基础

第1章　JSP 及其开发环境介绍

1.1　Web 应用程序与 JSP 简介

本节主要介绍 Web 应用程序及 JSP 技术，主要包括静态 Web、Web 应用程序和 JSP 技术简介等内容。

1.1.1　静态 Web

1989 年，欧洲核子研究组织（European Organization for Nuclear Research，CERN）由 Tim Berners-Lee 领导的小组提交了一个针对 Internet 的新协议和一个使用该协议的文档系统。该小组将这个新系统命名为 World Wide Web，它旨在使全球的科学家能够利用 Internet 交流自己的工作文档。

World Wide Web 允许 Internet 上任意用户从许多文档服务计算机的数据库中搜索和获取文档。1990 年末，这个新系统的基本框架已经在 CERN 的一台计算机中实现；1991 年，该系统移植到了其他计算机平台，并正式发布。

静态 Web 是指由页面数据始终不变的 Web 页面及相关元素组成的网站，主要包括 html、css、js 文件等。静态 Web 所用开发语言为 HTML、CSS 等。Web 服务器处理客户端对静态资源的处理过程如图 1-1 所示。

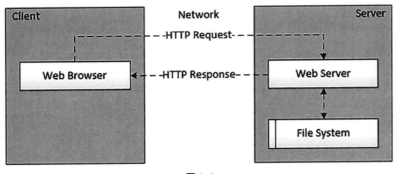

图 1-1

静态 Web 具有以下特点：

（1）静态网站是最初的建站方式，浏览者所看到的每个页面是建站者上传到服务器上的一个 HTML（或 HTM）文件。这种网站每增加、删除、修改一个页面后都必须重新对服务器的文件进行一次下载上传。网页内容一经发布到网站服务器上，无论是否有用户访问，每个静态网页的内容都保存在网站服务器上。也就是说，静态网页是实实在在保存在服务器上的文件，每个网页都是一个独立的文件。

（2）静态网页的内容相对稳定，因此容易被搜索引擎检索。

（3）静态网页没有数据库的支持，在网站制作和维护方面工作量较大，因此当网站信息量很大时，完全依靠静态网页制作方式比较困难。

（4）静态网页的交互性较差，在功能方面有较大的限制。

1.1.2　Web应用程序

Web应用程序首先是"应用程序"，和用标准的程序语言（如C、C++等语言）编写出来的程序没有本质上的不同。然而，Web应用程序又有自己独特的地方，就是它是基于Web的，而不是采用传统方式运行的。换句话说，它是典型的浏览器/服务器（B/S）架构的产物。

Web应用程序是指部署在网络上需要通过浏览器访问的程序，通常简称为Web应用。一个Web应用由存放在某个目录下的多个Web资源组成，这些Web资源能够实现特定功能。一个Web应用程序由静态资源和动态资源组成，如HTML、CSS、JS文件、JSP文件、Java程序和配置文件等。Web应用开发好后，若要为外界提供服务，需要把Web应用所在目录交给Web服务器管理。Web服务器处理客户端对动态Web资源的处理过程如图1-2所示。

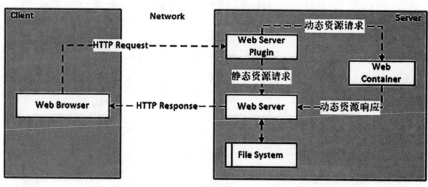

图1-2

相对于静态Web，Web应用程序的优势主要包括以下几点：

（1）Web应用程序不需要任何复杂的"展开"过程，所需要的只是一个适用的浏览器。

（2）Web应用程序通常耗费很少的用户硬盘空间，或者一点都不耗费。

（3）Web应用不需要更新，因为所有新的特性都在服务器上执行，从而自动传达到用户端。

（4）Web应用程序和服务器端的网络产品都很容易结合，如Email功能和搜索功能等。

（5）因为Web应用程序在网络浏览器窗口中运行，所以大多数情况下它们有良好的跨平台性，如Windows、Mac、Linux平台上的用户都可以访问同一Web应用。

1.1.3　常用Web应用系统开发技术

Web应用程序的核心就是服务器端的服务器程序，其主要开发技术包括ASP、ASP.NET、PHP等。

　　ASP 即 Active Server Pages，是 Microsoft 公司开发的服务器端脚本环境，可用来创建动态交互式网页并建立强大的 Web 应用程序。当服务器收到对 ASP 文件的请求时，它会处理包含在用于构建发送给浏览器的 HTML 网页文件中的服务器端脚本代码。除服务器端脚本代码外，ASP 文件也可以包含文本、HTML（包括相关的客户端脚本）和 COM 组件调用。ASP 简单、易于维护，是小型页面应用程序的选择。在使用 DCOM（Distributed Component Object Model）和 MTS（Microsoft Transaction Server）的情况下，ASP 甚至可以实现中等规模的企业应用程序。但 ASP 在服务器端采用解释执行，因此其代码执行效率不高，Web 应用部署也不具有跨平台性，安全性也一般。

　　ASP.NET 又称为 ASP+，不是 ASP 的简单升级，而是 Microsoft 公司推出的新一代脚本语言。ASP.NET 是基于 .NET Framework 的 Web 开发平台，不但吸收了 ASP 以前版本的最大优点，还参照 Java、VB 语言的开发优势加入了许多新的特色，同时修正了以前的 ASP 版本的运行错误。ASP.NET 具备开发网站应用程序的所有技术，包括验证、缓存、状态管理、调试和部署等全部功能。在代码撰写方面的特色是将页面逻辑和业务逻辑分开，它分离程序代码与显示的内容，让丰富多彩的网页更容易撰写，同时使程序代码看起来更洁净、更简单。但 ASP.NET 开发 Web 应用也不具有跨平台性。

　　PHP（Hypertext Preprocessor）即"超文本预处理器"，是在服务器端执行的脚本语言，尤其适用于 Web 开发并可嵌入 HTML 中。PHP 语法学习了 C 语言，吸纳了 Java 和 Perl 多个语言的特色，发展出自己的特色语法，并根据它们的长项持续改进提升自己。例如，Java 的面向对象编程，该语言当初创建的主要目标是让开发人员快速编写出优质的 Web 网站。PHP 同时支持面向对象和面向过程的开发，使用上非常灵活。

　　经过 20 多年的发展，PHP 已经可以应用在 TCP/UDP 服务、高性能 Web、WebSocket 服务、物联网、实时通信、游戏、微服务等非 Web 领域的系统研发。

1.1.4　JSP 技术简介

　　JSP 全称为 Java Server Pages，是一种动态网页开发技术。它使用 JSP 标签在 HTML 网页中插入 Java 代码，标签通常以"<%"开头，以"%>"结束。

　　JSP 主要用于实现 Java Web 应用程序的用户界面部分，网页开发者们通过结合 HTML 代码、XML 元素以及嵌入 JSP 指令标记、JSP 动作标记、Java 代码段和 Java 表示式来编写 JSP。JSP 通过网页表单获取用户输入数据、访问数据库及其他数据源，然后动态地显示网页数据。JSP 标签有多种功能，如代码包含、页面跳转、请求转发、访问 JavaBean 等，还可以在不同的网页中传递控制信息和共享信息。

　　JSP 程序与 CGI（Common Gateway Interface）程序有着相似的功能，但与 CGI 程序相比，有如下优势：

　　（1）性能更加优越，因为 JSP 可以直接在 HTML 网页中动态嵌入元素而不需要单独引用 CGI 文件。

（2）服务器调用的是已经编译好的 JSP 文件（转译得到的 Servlet 类对象），而不像 CGI/Perl 那样必须先载入解释器和目标脚本。

（3）JSP 基于 Servlet API，因此 JSP 拥有各种强大的企业级 Java API，包括 JDBC、EJB、JAXP 等。

（4）JSP 页面可以与处理业务逻辑的 Servlet 一起使用，这种模式被 Servlet 模板引擎所支持。

（5）JSP 是 Java EE 不可或缺的一部分，是一个完整的企业级应用平台。这意味着 JSP 可以用最简单的方式来实现最复杂的应用。

除上述优势外，使用 JSP 带来的其他好处还包括：

（1）与静态 HTML 相比，JSP 可以提供动态信息。

（2）与 JavaScript 相比，虽然 JavaScript 可以在客户端动态生成 HTML，但是很难与服务器交互，因此不能提供复杂的服务，如访问数据库等。但 JSP 可以。

（3）与 ASP 相比，JSP 有两大优势。第一点，JSP 动态部分用 Java 编写，而不是 VB 或其他 Microsoft 专用语言，所以更加强大与易用。第二点，JSP 易于移植到非 Microsoft 平台上。

（4）与纯 Servlet 相比，JSP 可以很方便地编写或者修改 HTML 网页而不用面对大量的 println 语句。

JSP 开发环境是用来开发、测试和运行 JSP 程序的平台、软件与工具的集合。本教材使用如下的 JSP 开发环境：JDK（Java Development Kit，Java 语言开发与运行环境）、Tomcat（支持 JSP 的 Web 服务器程序）、Eclipse（支持 Java Web 应用程序开发的 IDE）。

1.2 JDK 的安装与配置

本节讲解 JDK 的安装与配置，主要包括 JDK 的下载、安装、配置与测试。

1.2.1 JDK 的安装

从 Oracle 公司的 Java 页面中下载 JDK，最新的下载网址为 https://www.oracle.com/java/technologies/downloads/#jdk17-windows。

打开网页后，根据计算机的操作系统选择合适的版本，下载页面如图 1-3 所示。

图 1-3

本教材使用的 JDK 版本是 JDK-8U45-Windows-i586，其安装与配置过程如下，其他版本的安装过程大同小异。

双击 "jdk-8u45-windows-i586.exe" 文件开始 JDK 的安装。安装过程中需要指定 JDK 和 JRE（Java Runtime Environment）的安装路径，具体界面如图 1-4 所示。

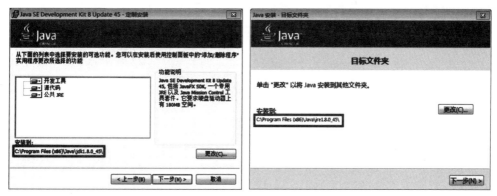

图 1-4

1.2.2　配置 JDK 环境变量

右击【我的电脑】，执行【属性】命令，在打开的窗口左侧单击【高级系统设置】，系统会弹出【系统属性（高级）】对话框，界面如图 1-5 左边所示。

在图 1-5 左边所示界面中单击【环境变量(N)...】按钮，系统将弹出【环境变量】对话框，界面如图 1-5 右边所示。

图 1-5

首先，创建 JAVA_HOME 变量。单击【新建(W)...】按钮，在【变量名】输入框中输入"JAVA_HOME"，在【变量值】输入框中输入 "C:\Program Files (x86)\Java\jdk1.8.0_45"，即 JDK 的安装路径，设置界面如图 1-6 所示。

图 1-6

其次，编辑 PATH 变量。找到并选中 PATH 变量（PATH 变量一般已经存在，用于存放操作系统的文件搜索路径），然后单击【编辑】按钮，在原来 PATH 变量值的基础上，增加 ";%JAVA_HOME%\bin"（即 JDK 各类工具程序所在位置），设置界面如图 1-7 所示。

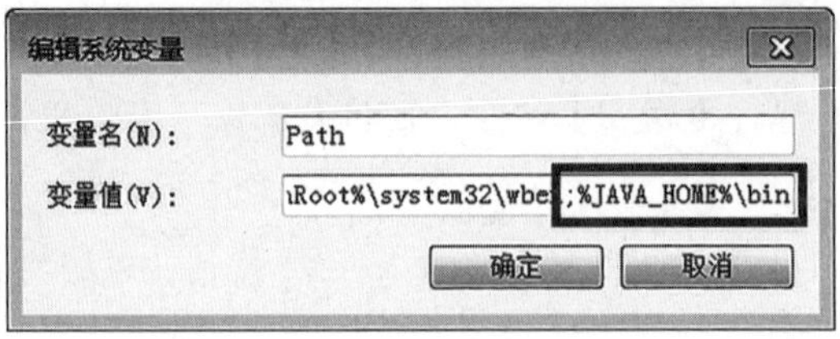

图 1-7

最后，创建 CLASSPATH 变量。单击【新建】按钮，在【变量名】输入框中输入"CLASSPATH"，在【变量值】输入框中输入 ".;%JAVA_HOME%\lib\dt.jar;%JAVA_HOME%\lib\tools.jar"，注意前面的 ".;" 不能漏掉，设置界面如图 1-8 所示。

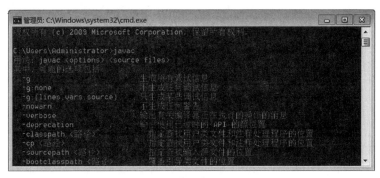

图 1-8

1.2.3　测试 JDK 环境

单击 Windows【开始】菜单，在【搜索程序和文件】输入框中输入"cmd"，按回车键进入 MS-DOS 环境。接下来，在 MS-DOS 环境中输入"javac"后按回车键，若能看到如图 1-9 所示的界面，说明 JDK 安装与配置成功。若显示其他信息，说明 JDK 配置有误，一般是 PATH 变量设置不正确，需仔细检查并修正相关配置错误。

图 1-9

1.3　Tomcat 的安装与配置

本节讲解 Tomcat 的下载、安装、启动与关闭，并介绍 Tomcat 安装目录的结构，以及 Tomcat 相关配置与测试方法。

1.3.1　下载与安装 Tomcat

目前，市场上有很多支持 JSP 和 Servlets 开发的 Web 服务器，它们中的一些可以免费下载和使用，Apache Tomcat 就是其中之一。Tomcat 是一个开源软件，可作为独立的服务器来运行 JSP 和 Servlets，也可以集成在 Apache Web Server 中。

Tomcat 最新版本的下载地址为 http://tomcat.apache.org/，其页面如图 1-10 所示。为了与前面安装的 JDK 版本相匹配，本教材使用的是 Tomcat 8。

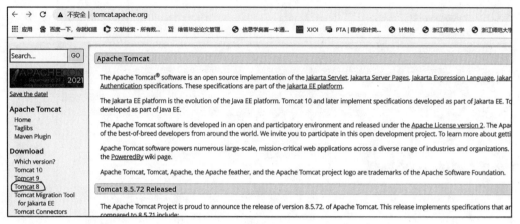

图 1-10

安装文件下载完成后，双击 "apache-tomcat-8.0.35.exe" 完成 Tomcat 的安装，过程略。

1.3.2　启动与关闭 Tomcat

执行【开始】→【所有程序】→【Apache Tomcat 8.0 Tomcat8】→【Configure Tomcat】命令，启动 Tomcat 服务管理器，界面如图 1-11 左边所示。单击【Start】按钮启动 Tomcat 服务，启动成功后 Tomcat 服务管理器变成如图 1-11 右边所示的界面。使用地址 http://localhost:8080/ 便可以访问 Tomcat 自带的 Web 应用，效果如图 1-12 所示。

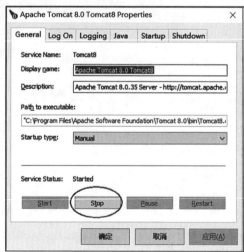

图 1-11

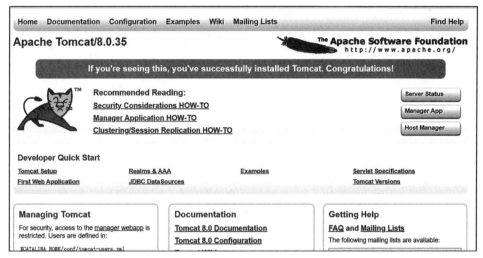

图 1-12

在图 1-11 右边所示界面中单击【Stop】按钮可关闭 Tomcat 服务。

1.3.3　Tomcat 目录结构

Tomcat 安装目录的结构如图 1-13 所示，各目录的用途简要描述如下。

（1）bin 目录存放启动和关闭 Tomcat 服务器等的功能脚本文件。

（2）conf 目录存放 Tomcat 服务器的各种配置文件。

（3）lib 目录存放 Tomcat 服务器的支撑 jar 包。

（4）logs 目录存放 Tomcat 服务器的日志文件。

（5）temp 目录存放 Tomcat 运行时产生的临时文件。

（6）webapps 目录为 Web 应用程序目录，存放供客户端访问的 Web 资源。

（7）work 目录为 Tomcat 的工作目录。

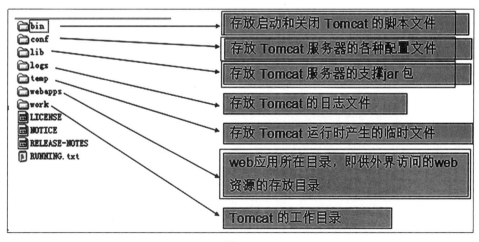

图 1-13

1.3.4 修改 Tomcat 服务端口号

如果计算机上已经有其他服务占用了 Tomcat 服务器默认的 8080 端口，则可以通过如下方式修改 Tomcat 的服务端口。首先在 Tomcat 安装目录下找到 conf 文件夹，在里面找到并打开 server.xml 文件，并在该文件中找到如图 1-14 所示的 XML 代码，将 port="8080" 中的 8080 改为其他未被使用的端口号，如 8081。

```
<Connector port="8080" protocol="HTTP/1.1"
           connectionTimeout="20000"
           redirectPort="8443" />
<!-- A "Connector" using the shared thread pool-->
```

图 1-14

重启 Tomcat 服务器，在浏览器地址栏使用新的 Web 服务端口来访问 Tomcat 自带的 Web 应用，具体效果如图 1-15 所示。

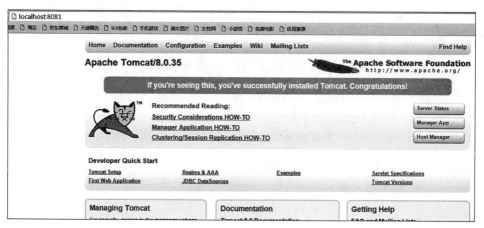

图 1-15

1.3.5 Web 服务目录

要让客户端能够以 Web 方式访问服务器上的相关资源，需要将相关资源放入 Web 服务目录。

（1）默认 Web 服务目录。

默认 Web 服务目录的物理目录为 <Tomcat 安装路径 >\webapps\root，通过浏览器来访问该目录的地址为 http://localhost:8080/。例如，JSP 文件 example1_1.jsp 的代码如例程 1-1 所示。

```
example1_1.jsp 代码（例程 1-1）
<%@ page contentType="text/html;charset=GB2312" %>
<html><BODY BGCOLOR=cyan><h3>这是一个简单的 JSP 页面</h3>
<%    int i, sum=0;   for(i=1;i<=100;i++){   sum=sum+i; }     %>
<h5> 1 到 100 的连续和是：<%=sum %> </h5></BODY></html>
```

将 example1_1.jsp 存放到 Tomcat 安装目录下的 \webapps\root 目录中，即用地址 http://localhost:8080/example1_1.jsp 进行访问，效果如图 1-16 所示。

图 1-16

（2）webapps 下的 Web 服务目录。

webapps 目录中新建的每个文件夹就是一个 Web 服务目录。例如，在 webapps 目录下新建一个名为 "web1" 的文件夹，并把 example1_1.jsp 放入其中，就可以使用地址 http://localhost:8080/web1/example1_1.jsp 来访问该文件，效果如图 1-17 所示。

注意：除默认的服务目录 "<Tomcat 安装路径 >\webapps\root" 外，在访问 webapps 下新建的 Web 服务目录时，访问地址需要加上服务目录的名称，即用图 1-17 所示的地址进行访问。

图 1-17

（3）非 webapps 下的 Web 服务目录。

Tomcat 支持将非 webapps 目录下的目录（即本地计算机的其他目录）设置为 Web 服务目录。例如，要将 d:\JSPWorkSpace 映射为 Web 服务目录，具体方法有两种。

方法 1：在 Tomcat 安装目录下找到 conf 文件夹，并在该文件夹中找到并打开 server.xml 文件，在 server.xml 文件的 <Host> 部分增加如图 1-18 所示的 <Context> 节。<Context> 的 path 属性表示 Web 服务目录的名称，docBase 属性表示该 Web 服务目录对应的物理目录。

```
<Host name="localhost"  appBase="webapps"
      unpackWARs="true" autoDeploy="true">
<Context path="/JSPStudy" docBase="d:\JSPWorkSpace"
         debug="0" reloadable="true"/>
```

图 1-18

重启 Tomcat，通过地址 http://localhost:8080/JSPStudy/example1_1.jsp 访问该页面，输入地址时需要注意大小写，可看到如图 1-19 所示的访问效果。

图 1-19

方法 2：创建一个名为"web2.xml"的 XML 文件，内容如下。

```
<Context docBase="d:\JSPWorkSpace" />
```

将该 web2.xml 文件放置到 Tomcat 安装目录下 conf\Catalina\localhost 目录中。方法 2 中的 XML 文件名为 Web 服务目录的名称，<Context> 标签的 docBase 属性值代表该 Web 服务目录对应的物理文件夹。假设 d:\JSPWorkSpace 目录中已经存在 example1_1.jsp，则可使用地址 http://localhost:8080/web2/example1_1.jsp 来访问该 JSP 文件，访问效果如图 1-20 所示。

图 1-20

与方法 1 不同，采用方法 2 进行虚拟目录配置后，无须重启 Tomcat 服务器就可以直接访问该虚拟目录。

（4）Web 服务目录下子目录中文件的访问。

假设在 d:\JSPWorkSpace 目录中有一个名为"ch1"的文件夹，且里面已经放入了 example1_1.jsp，则可使用地址 http://localhost:8080/JSPStudy/ch1/example1_1.jsp 来访问该文件，访问效果如图 1-21 所示。由此可见，Web 服务目录对应物理目录的子目录会自动映射为 Web 服务（虚拟）目录的子目录。

图 1-21

1.4　JSP 运行原理

本节讲解 JSP 的基本运行原理以及 JSP 页面与 Servlet 之间的关系。

1.4.1　JSP 运行原理介绍

JSP 基本运行原理如图 1-22 所示。当用户通过浏览器访问某个 JSP 文件时，首先会把相关请求发送给 JSP 引擎（如 Tomcat 服务器）。如果该 JSP 页面第 1 次被请求，则服务器上的 JSP 引擎首先把该 JSP 页面文件转译成一个 Java 类，生成的 Java 类被称为 Servlet，也就是说每个 JSP 文件都会被转译成相应的 Servlet 类。

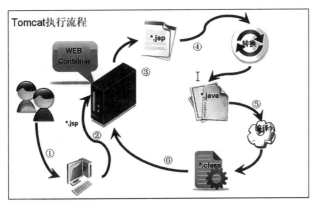

图 1-22

以 http://localhost:8080/web1 目录下的 JSP 文件为例，其对应的 Java 类源文件和字节码文件保存在 Tomcat 安装目录下的 work\Catalina\localhost\web1\org\apache\jsp 目录中。图 1-23 中，example1_005f1_jsp.java 就是 example1_1.jsp 转译得到的结果。

图 1-23

JSP 引擎编译这个 Java 源程序文件生成相应的字节码文件，然后执行该字节码文件响应客户端的请求。

如果该 JSP 页面不是第 1 次被请求，则直接执行字节码文件响应客户端的请求。

JSP 引擎把 JSP 页面转换成 Servlet 类时，JSP 页面相关元素的转换关系如图 1-24 所示，即 JSP 引擎会针对不同的 JSP 页面元素做如下不同的处理：

（1）针对 HTML 标记，使用 out.write 方法输出。

（2）针对如"<%=sum %>"的 Java 表达式，使用 out.print 方法输出。

（3）针对"<%"和">%"标记间的 Java 程序段，不做任何处理，直接转换为相应的 Java 代码。

（4）针对 JSP 指定标记和动作标记，转换为相应的 Java 代码（详见后面章节）。

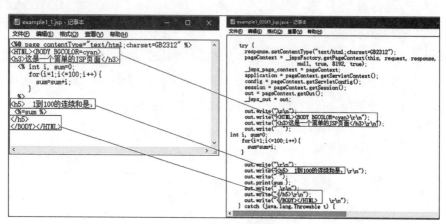

图 1-24

1.4.2　Servlet 与 JSP 的关系

Servlet 是 Java 语言的一部分，提供了用于服务器编程的 API。Servlet 是运行在 Web 服务器上的程序，可以看作来自 Web 浏览器或其他 HTTP 客户端的请求与 HTTP 服务器上的数据库或应用程序之间的中间层。使用 Servlet 不仅可以收集来自网页表单的用户输入，访问数据库或者其他数据源的记录，还可以动态创建网页来显示相关数据。

Servlet 通常情况下可以与使用 CGI 实现的程序达到异曲同工的效果。但是相比于 CGI，Servlet 具有以下几点优势：

（1）更好的性能。Servlet 在 Web 服务器的地址空间内执行，这样它就没有必要再创建一个单独的进程来处理每个客户端请求。

（2）良好的跨平台性。Servlet 用 Java 语言编写，具有良好的平台独立性。

（3）良好的安全性。服务器上的 Java 安全管理器会执行一系列限制，以保护服务器计算机上的资源。

（4）强大的功能。Java 类库的全部功能对 Servlet 来说都是可用的。它可以通过 sockets 和 RMI 机制与 applets、数据库或其他软件进行交互。

Servlet 就是在服务器端创建对象的 Java 类，Servlet 类的对象习惯上称为一个 servlet。

Servlet 类实际上就是一个普通的 Java 类，它实现了 HttpServlet 接口，它的对象能够被 JSP 引擎调用以响应客户端 HTTP 请求。Servlet 早于 JSP 技术出现，用它实现大量 HTML 代码的输出并不方便。JSP 是 Servlet 技术的扩展，本质上就是 Servlet 的简易使用方式。JSP 通过在标准的 HTML 页面中嵌入 Java 代码段，提高了开发效率。

1.5　Eclipse 的安装与配置

本节讲解 Eclipse 的安装与配置，包括文件编码格式设置、代码自动补全、内置 Tomcat 服务器配置以及如何使用 Eclipse 创建动态 Web 项目等。

1.5.1　Eclipse 简介

Eclipse 是著名的开源跨平台自由集成开发环境（IDE），本身只是一个框架平台，但是众多插件的支持使得 Eclipse 拥有其他功能相对固定的 IDE 软件很难具有的灵活性。它最初主要用来 Java 语言开发，但是目前也有人通过插件使其作为其他计算机语言（如 C++ 和 Python 等）的开发工具。也有许多软件开发商以 Eclipse 为框架开发自己的 IDE。

"一切皆插件"是 Eclipse 的核心设计思想。Eclipse 核心很小，其他所有功能都以插件的形式附加于 Eclipse 核心之上。Eclipse 基本内核包括图形 API（如 SWT/Jface）、Java 开发环境插件（JDT）、插件开发环境（PDE）等。

Eclipse 采用的图形化技术是 IBM 公司开发的 SWT，是一种基于 Java 的窗口组件，类似 Java 本身提供的 AWT 和 Swing 窗口组件，不过 IBM 声称 SWT 比其他 Java 窗口组件具有更高的效率。Eclipse 的用户界面还使用了 GUI 中间层 JFace，从而简化了基于 SWT 的应用程序构建。

1.5.2　安装 Eclipse

用户可以从网上下载 Eclipse 安装包，地址为 http://www.eclipse.org/downloads/。Eclipse 是绿色软件，直接解压下载的 Eclipse 安装包后即可使用。解压后的 Eclipse 文件夹如图 1-25 所示。

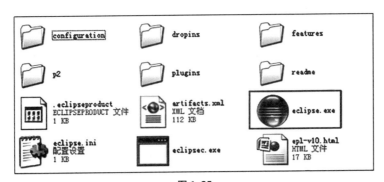

图 1-25

1.5.3　配置 Eclipse

（1）设置工作空间。

双击上图所示的 Eclipse 图标，启动 Eclipse。Eclipse 启动后，会弹出一个如图 1-26 所示的【Workspace Launcher】对话框，在【Workspace】文本框中输入某个本地文件夹的路径（如 E:\JavaOnline），单击【OK】按钮完成工作空间的设置。工作空间 Workspace 用于保存 Eclipse 所建立的应用程序项目和相关的用户设置。

图 1-26

在图 1-26 所示界面中单击【OK】按钮，系统将出现如图 1-27 所示的 Eclipse 欢迎界面。

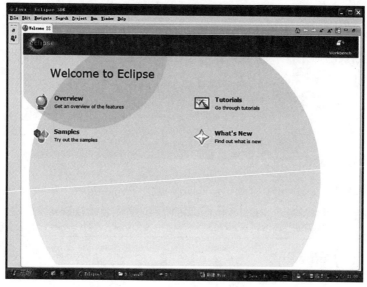

图 1-27

（2）配置代码自动补全功能。

在进行系统开发的时候，代码自动补全功能可以帮助人们极大地提高开发效率。用户只需要输入开头的几个字母，系统会自动显示匹配的类型（或对象）供用户选择。选择【Windows】→【Preferences】菜单，系统会弹出如图 1-28 所示的参数设置对话框。

在图 1-28 左边的树形结构中依次选择【Java】→【Editor】→【Content Assist】选项，然后在右边的界面中找到【Auto activation triggers for Java】配置项，并在后面的文本框中输入 ".abcdefghijklmnopqrstuvwxyz"（即英文状态的句号和 26 个小写英文字母），单击【OK】按钮，关闭当前对话框。完成配置后，当用户输入任意字母和 "." 时，即可实现代码自动补全功能。

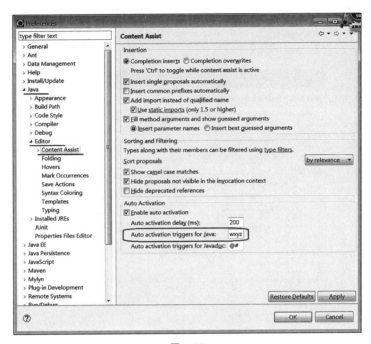

图 1-28

（3）配置 Tomcat 服务器。

为了能够方便地调试 Java Web 应用程序，需让 Eclipse 能够自动调用 Tomcat 服务器，因此需要通过设置让 Eclipse 知道 Tomcat 程序安装在什么位置。具体配置操作如下：首先选择【Windows】→【Preferences】菜单，系统将弹出如图 1-29 所示的参数设置对话框，然后在图 1-29 的界面中选择【Server】节点下的【Runtime Environment】节点。

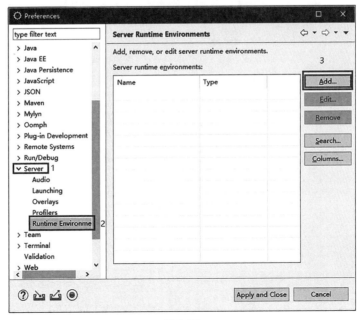

图 1-29

单击图 1-29 所示界面中的【Add...】按钮，系统将弹出如图 1-30 所示的服务器运行环境配置对话框。

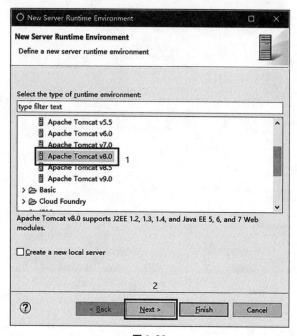

图 1-30

选择已安装的 Tomcat 服务器版本后，单击【Next >】按钮，系统将弹出如图 1-31 所示的对话框。

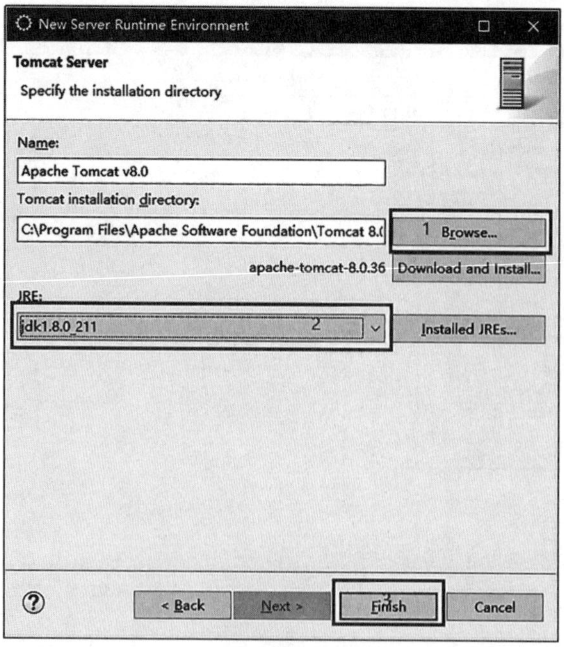

图 1-31

在图 1-31 所示界面中单击【Browse...】按钮，选择 Tomcat 的安装路径，然后选择本机已安装的 JRE 版本，单击【Finish】按钮完成 Tomcat 服务器运行环境的配置。

（4）配置文档的编码格式。

为使开发的 Java Web 应用程序能够支持中文，需要在 Eclipse 中设置相关文档的编码格式，具体操作如下：选择【Windows】→【Preferences】菜单，系统将弹出如图 1-32 所示的参数设置对话框。把图 1-32 所示界面右边框内的编码格式选为【UTF-8】；同样地，把图 1-33 所示界面右边框内的编码格式选为【UTF-8】。

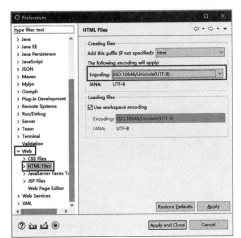
图 1-32

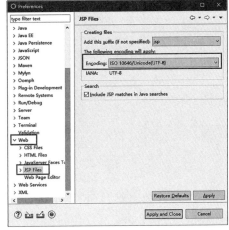
图 1-33

1.5.4 使用 Eclipse 创建 JSP 项目

执行【File】→【New】→【Dynamic Web Project】命令，系统将弹出如图 1-34 所示的对话框。

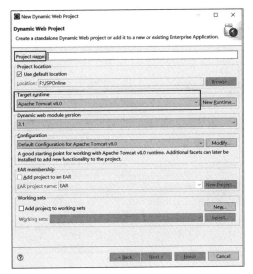
图 1-34

在图 1-34 所示的【Project name】处输入项目名称 "ch1"，在【Target runtime】处确认 Tomcat 服务器是否正确，单击【Finish】按钮完成项目创建，效果如图 1-35 所示。

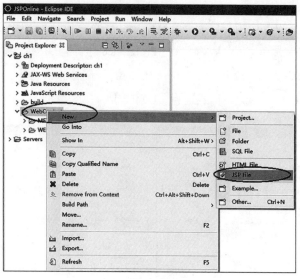

图 1-35

在图 1-35 所示界面的左侧【Project Explorer】中展开 ch1 项目的相关节点，并在 【WebContent】节点右击，在弹出的菜单中执行【New】→【JSP File】命令，系统将弹出如 图 1-36 所示的对话框。

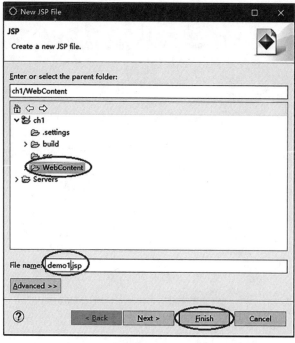

图 1-36

在图1-36所示界面的【File name】输入框中输入"demo1.jsp",单击【Finish】按钮完成JSP文件的创建,并在Eclipse中对"demo1.jsp"文件进行编辑。具体代码如例程1-2所示。

```jsp
demo1.jsp 代码(例程 1-2)
<%@ page language="java" contentType="text/html; charset=UTF-8"
    pageEncoding="UTF-8"%>
<!DOCTYPE html>
<html><head><meta charset="UTF-8">
<title>Insert title here</title>
</head>
<body>
<%
    int n=1;
    for(int i=1;i<=10;i++){ n=n*i;}
%>
10!=<font color='red'><%=n %></font>
</body></html>
```

在【Project Explorer】中选中"demo1.jsp"文件,单击如图1-37所示的启动按钮来运行demo1.jsp文件。运行之前要确保外部的Tomcat服务器已经关闭,否则会导致服务端口冲突。

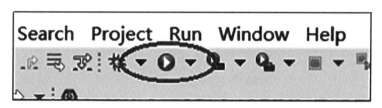

图1-37

在运行demo1.jsp文件前,系统首先会显示如图1-38所示的对话框。在图1-38所示的对话框中选择已经配置好的Tomcat服务器,单击【Finish】按钮,demo1.jsp文件的运行效果如图1-39所示。

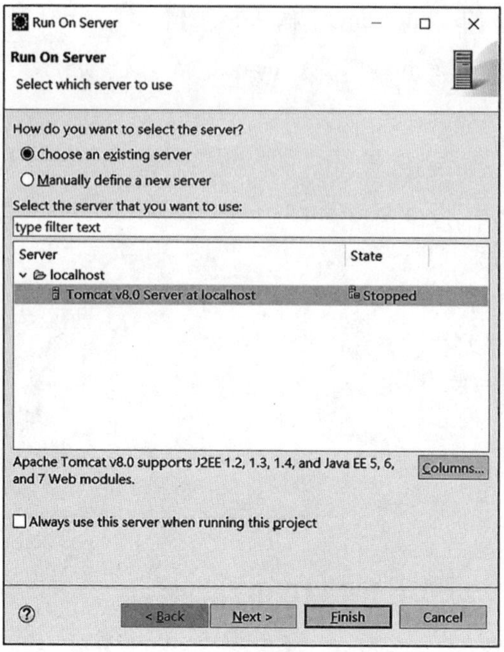

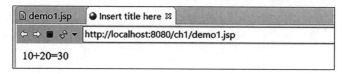

图 1-38

10+20=30

图 1-39

1.6 章节练习

一、单选题

1.（   ）网页是动态的网页。

A. 支持动态效果的   B. 可以运行脚本的

C. 可以交互的   D. 可以看电影的

2. 关于 Tomcat，下面的说法正确的是（   ）。

A. Tomcat 在一台机器上可以运行多个   B. Tomcat 必须使用 8080 端口

C. 虚拟目录必须在 Tomcat 的根目录里   D. 虚拟目录中不能包含子目录

3. 我们把用户发送给服务器的信息叫请求，服务器对客户端发送消息叫响应。下面是对请求和响应过程的描述，错误的是（   ）。

A. 请求和响应完成，客户和服务器的连接就断开

B. 可以没有请求而只有服务器的响应

C. 发送请求后可以没有响应

D. 如果有响应，则必须有对应的请求

4. 下面不是动态网页技术的是（　　　）。

A. ASP　　　　　　　B. JSP　　　　　　　C. PHP　　　　　　　D. HTML

5. Tomcat 的端口号可以在（　　　）文件中修改。

A. server.xml　　　　　B. web.xml　　　　　C. tomcat.xml　　　　　D. 不能改

二、编程题

1. 完成 JDK 的安装与配置、Tomcat 的安装与配置。

2. 请在 D:\ 下创建一个名字为 "ch1" 的文件夹，并将该目录设置成一个 Web 服务目录，然后编写一个简单的 JSP 页面（名称为 "first.jsp"）保存到该目录中，使本机浏览器能够用地址 "http://localhost:8080/hello/first.jsp" 进行访问。

3. 完成 Eclipse 的安装与配置，创建名为 "ch1" 的 Web Dynamic Project 项目，在该项目中创建名为 "demo1.jsp" 的 JSP 文件，并运行该 JSP 文件。demo1.jsp 文件的代码如下：

```
<%@ page language="java" contentType="text/html; charset=UTF-8"
    pageEncoding="UTF-8"%><!DOCTYPE html>
<html><head><meta charset="UTF-8">
<title>Insert title here</title></head><body>
<%  int n=1; for(int i=1;i<=10;i++){n=n*i;}     %>
10!=<font color='red'><%=n %></font></body></html>
```

第2章 JSP 基础

2.1 JSP 页面的基本结构

本节讲解 JSP 页面的基本结构，包括 HTML、JSP 指令标记、JSP 动作标记、Java 表达式、Java 代码段以及 JSP 页面的几种注释方式的简要介绍。

2.1.1 JSP 页面基本元素

JSP 页面可以理解为带有 JSP 元素的常规 Web 页面，由静态内容和动态内容构成，即传统的 HTML 页面中加入 Java 表达式、Java 程序片、JSP 指令标记、JSP 动作标记等 JSP 元素后，就构成了一个 JSP 页面。

下面通过图 2-1 所示代码讲解 JSP 页面的主要元素。

```
<%@ page contentType="text/html;charset=GB2312" %>    <!-- jsp指令标记 -->
<%@ page import="java.util.Date"  %>                   <!-- jsp指令标记 -->
<%!   Date date;                                       // 数据声明
      public int continueSum(int start,int end){       // 方法声明
          int sum =0;
          for(int i=start;i<=end;i++) sum=sum+i; return sum;
      }
 %>
<HTML><title>example2_1.jsp</title>
<body  background='back.jpg'>                           <!- html标记 -->
<font size=4><p>程序片创建Date对象：
<%    date=new Date();                                 //java程序片
      out.println("<BR>"+date);
      int start=1,end=100;
      int sum=continueSum(start,end);
%>
<br>从<%= start %>至<%= end %>的连续和是<%= sum %>      <!--Java表达式 -->
</font></body></HTML>
```

图 2-1

如图 2-1 所示，JSP 页面一般由以下 5 种元素构成。

（1）JSP 指令标记。

JSP 指令用来设置整个 JSP 页面相关的属性。指令可以有多个属性，以键值对的形式表示，并用逗号隔开，语法格式如下：<%@ JSP 指令 属性 =" 属性值 " %>。下面的指令标记用于指定 JSP 页面所采用的编码格式。

```
<%@page contentType="text/html;charset=GB2312"%><!--指令标记-->
```

下面的指令标记用于将 java.util.Date 类引入当前 JSP 页面中。

```
<%@ page import="java.util.Date" %>      <!-- jsp指令标记 -->
```

（2）变量和方法的定义。

在 JSP 页面中可以定义成员变量和成员方法，甚至内部类。相关定义写在"<%!"与"%>"中。例如，下面的代码定义了一个名为"date"的 Date 类型变量和一个用于求两个整数间所有整数之和的方法 continueSum()。

```
<%!   Date date;                                    // 数据声明
      public int continueSum(int start,int end){    // 方法声明
          int sum =0;
          for(int i=start;i<=end;i++) sum=sum+i;
          return sum;
      }
%>
```

（3）普通的 HTML 标记。

```
<html><title>example2_1.jsp</title>
<body background='back.jpg'>                        <!- html标记 -->
<font size=4><p>程序片创建Date对象：
```

（4）Java 代码段。

在 JSP 页面中嵌入的 Java 代码，语法格式如下：<% Java 代码 %>。例如：

```
<%    date=new Date();                              //java代码段
      out.println("<BR>"+date);
      int start=1,end=100;
      int sum=continueSum(start,end);
%>
```

（5）Java 表达式。

用于将动态信息显示到页面上，语法格式如下：<%= 变量或表达式 %>。例如：

```
<br>从<%= start %>至<%= end %>的连续和是<%=sum%>  <!--Java表达式-->
```

2.1.2　JSP 页面注释

为了增强 JSP 页面的可读性，开发者往往会在 JSP 页面增加一些注释。JSP 页面注释可分为以下 3 种。

（1）HTML 注释。

HTML 注释语法格式如下：<!- - HTML 注释 -->。

JSP 引擎把 HTML 注释交给客户端的浏览器，注释不会被浏览器解析显示，但用户通过浏览器查看 HTML 源代码时，能够看到 HTML 注释。

（2）JSP 注释。

JSP 注释语法格式如下：<%-- JSP 注释内容 --%>。

JSP 引擎忽略 JSP 注释，即在把 JSP 页面转译成 Servlet 类时会忽略 JSP 注释，因此用户通过浏览器查看 JSP 页面生成的 HTML 源代码时，无法看到 JSP 注释。

（3）Java 注释。

Java 注释分为行注释和块注释，相关举例如图 2-2 所示。Java 编译器会忽略 Java 注释，即把 JSP 转译得到的 Servlet 类源代码文件编译为字节码文件时，Java 编译器会忽略 Java 注释，因此客户端用户无法看到 Java 注释。

```
<%     date=new Date();
       out.println("<BR>"+date);          //java程序片
       int start=1,end=100;               Java行注释
       int sum=continueSum(start,end);
       /*
       out.write("hello world");          Java块注释
       */
%>
```

图 2-2

2.2 HTML 标签

本节讲解 HTML 的基本使用，包括 HTML 概述、HTML 常用基本标签、与表格有关的 HTML 标签以及与表单有关的 HTML 标签。

2.2.1 HTML 概述

HTML 是指超文本标记语言（Hyper Text Markup Language），不是一种编程语言，而是由一套标签（markup tag）组成的标记语言（markup language）。HTML 标签是 HTML 语言中最基本的单位和最重要的组成部分。

HTML 标签一般具有如下特点：

（1）由尖括号包围的关键词，如 <html>。

（2）通常成对出现，如 <div> 和 </div>。

（3）标签对中的第一个标签是开始标签，第二个标签是结束标签。开始标签和结束标签也被称为开放标签和闭合标签。

（4）也有单独呈现的标签，如 <img src=" 百度百科 .jpg"/> 等。

（5）一般成对出现的标签，其内容在两个标签中间。单独呈现的标签，则在标签属性中赋值，如 <h1> 标题 </h1> 和 <input type="text" value=" 按钮 "/>。

网页全部信息需要放在 <html> 标签中，标题、字符格式、语言、兼容性、关键字、描述等信息放在 <head> 标签中，而网页中要显示的内容需嵌套在 <body> 标签中。某些时候不按标准书写的 HTML 代码虽然可以正常显示，但是作为职业素养，还是应该养成正规编写习惯。HTML 标签不区分大小写，如"主体"<body> 与 <BODY> 表示的意思是一样的，

但建议小写。

2.2.2　HTML 常用基本标签

HTML 常用的基本标签如下：

（1）<html> 与 </html> 之间的文本描述网页。

（2）<head> 与 </head> 之间的文本描述标题、字符格式、语言、关键字等信息。

（3）<title> 与 </title> 标签用于定义网页标题（写在 <head> 与 </head> 之间）。

（4）<body> 与 </body> 之间的文本是可见的页面内容。

（5）<h1> 至 <h6> 标签用于定义各级标题。

（6）<p> 与 </p> 之间的文本被显示为段落。

下面的代码就是使用上述标签的例子，其在浏览器中的显示效果如图 2-3 所示。

```
<html>
<head><title>我的第一个HTML文档</title></head>
<body>
<h1>我的第一个标题</h1>
<p>我的第一个段落。</p>
</body>
</html>
```

图 2-3

<a> 标签用于定义 HTML 超链接，如：

```
<a href="http://www.w3school.com.cn">This is a link</a>
```

<img> 标签用于定义 HTML 图像，如：

```
<img src="w3school.jpg" width="104" height="142" />
```

HTML 标签可以拥有属性，属性总是以名称 / 值对的形式出现，且总是在 HTML 元素的开始标签中使用，如前面介绍的 <a> 标签的 href 属性。

2.2.3　与表格有关的 HTML 标签

与表格有关的 HTML 标签主要包括以下几个：

（1）<table> 标签用于定义表格。

（2）<tr> 标签用于定义表格中的行。

（3）\<th\> 标签用于定义标题行中的标题单元格。

（4）\<td\> 标签用于定义行中的数据单元格。

下面的 HTML 代码使用了上述与表格相关的标签，其在浏览器中的显示效果如图 2-4 所示。

```
<table border="1">
<tr><th>Heading</th><th>Another Heading</th></tr>
<tr><td>row 1, cell 1</td><td>row 1, cell 2</td></tr>
<tr><td>row 2, cell 1</td><td>row 2, cell 2</td></tr>
</table>
```

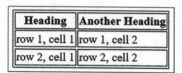

图 2-4

2.2.4 与表单有关的 HTML 标签

表单是客户端向服务端提交数据最常用的手段。表单是一个包含表单元素的区域，表单元素允许用户在表单中输入内容。常用的表单元素包括输入域（input 标签）、文本域（textarea 标签）、下拉列表等。表单使用 \<form\> 标签进行定义。表单的常见格式如下：

```
<form action="目标文件" method=get|post name="表单名称">
数据提交手段部分(<input>、 <textArea>等表单子标签)
</form>
```

下面的代码定义了一个名为"form1"的表单，其提交目标是"test.jsp"，提高方式为"get"。该表单定义了一个名为"userid"的单行文本框，其默认值为"yly"；还定义了一个名为"submit"的提交按钮，其标题文字为"发送"。该表单在浏览器中的显示效果如图 2-5 所示。

```
<form action="test.jsp" method="get" name="form1">
<input type="text" name="userid" value="yly"/>
<input type="submit" name="submit" value="发送" />
</form>
```

图 2-5

<form> 标签的常用属性及功能如下：

（1）action 属性。

该属性用于指定表单的提交目标（服务器地址）。

（2）method 属性。

该属性用于指定表单数据发送至服务器的方式。常用方式有两种，分别是 get 和 post。它们的主要区别如下：get 方式提交的数据会附在网址之后提交给服务器；post 方式提交的数据不会附在网址后，而被打包后发送给服务器。post 方式适合发送大量数据，且安全性较高。

（3）target 属性。

该属性用于指定服务器响应的内容在什么窗口显示。

<input> 标签用于定义供用户输入数据的输入域，其主要属性有 type、name、value 等。其中 type 属性用于指定输入域的样式。例如，type="text" 用于表示单行文本输入框；type="password" 用于表示密码输入框；type="radio" 用于表示单选按钮；type="checkbox" 用于表示复选框；type="button" 用于表示普通按钮；type="submit" 用于表示提交按钮；type="reset" 用于表示重置按钮；type="hidden" 用于表示隐藏域；type="file" 用于表示文件上传域。

例程 2-1 定义了一个较为综合的表单，其在浏览器中的显示效果如图 2-6 所示。其核心代码如下：

```
example2_1.jsp（例程2-1）
<html><body bgcolor=cyan><font size=2>
<form action="example3_5_receive.jsp" method="post" name="form1">
<br>背景音乐:
<input type="radio" name="R" value="on" >打开
<input type="radio" name="R" value="off" checked="checked">关闭
<br>喜欢的球队:
<input type="checkbox" name="item" value="国际米兰队" >国际米兰队
<input type="checkbox" name="item" value="AC米兰队" >AC米兰队
<br><input type="checkbox" name="item" value="罗马队" >罗马队
<input type="checkbox" name="item" value="慕尼黑队" >慕尼黑队
<input type="hidden" value="我是球迷,但不会踢球" name="secret">
<br><input type="submit" value="提交" name="submit">
<input type="reset" value="重置" >
</form></font></body></html>
```

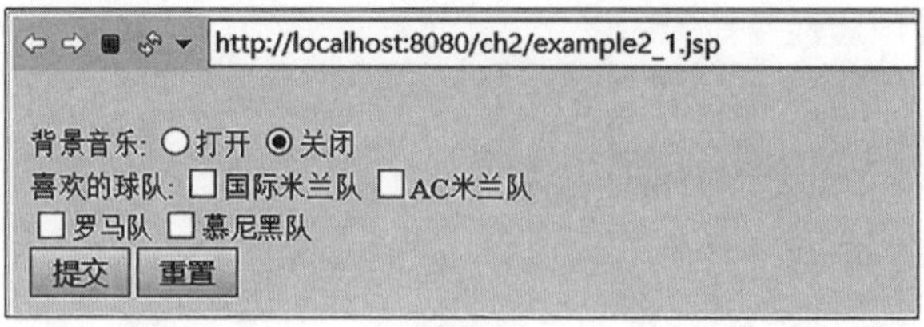

图 2-6

有关 HTML 的更多详细内容，可访问 https://www.w3school.com.cn/index.html，这是一个在线学习与测试 HTML 的网站。

2.3 Java 表达式和 Java 代码段

本节讲解 Java 表达式和 Java 代码段的用法，以及 JSP 引擎把 JSP 页面转译为 Servlet 类时对 Java 表达式和 Java 代码段的处理方式。

2.3.1 Java 表达式

JSP 页面中可以在"<%="和"%>"之间插入一个表达式用于向页面中输出动态信息，其语法格式如下：<%= 表达式 %>。

其中的表达式可以是任何 Java 语言的完整表达式。

注意："<%="是一个整体，中间不能有空格，不可写成"<% ="。

图 2-7 所示的例子中用到了多个 Java 表达式。

```
<html><body bgcolor=cyan><font size=6>
<%= 2 %>^10=<font color="red"><%= (int)Math.pow(2,10) %></font><br>
<%= 2+2 %>^10=<font color="red"><%= (int)Math.pow(4,10) %></font><br>
</font></body></html>
```

图 2-7

JSP 引擎（如 Tomcat）计算出表达式的值，并以字符串形式向客户端输出结果，即该表达式的最终结果将被转换为字符串。图 2-8 为图 2-7 所示代码的执行效果。

```
2^10=1024
4^20=1048576
```

图 2-8

2.3.2 Java 代码段

JSP 页面中可以在"<%"和"%>"之间写入 Java 代码段，Java 代码段中的代码必须严格遵循 Java 语法。例如，每条执行语句后面必须用";"结束。

Java 代码段中定义的变量（称为局部变量）在其后续的所有 Java 代码段和 Java 表达式中都有效。例如在图 2-9 所示的代码中，前面定义的变量 *sum* 和 *n* 在后面的 Java 表达式中有效。

```
<%
    int sum=0,n = (int)(Math.random()*10+10);
    for(int i=1;i<=n;i++) {
        sum += i;
    }
%>
1到<%=n %>之和为<%=sum %><br>
```

图 2-9

一个 JSP 页面中可以包含多个 Java 代码段。例如图 2-10 所示的代码中，Java 代码段和 Java 表达式按照在页面中出现的先后次序执行。

```
<%
    int n1 = (int)(Math.random()*90+10);
    int n2 = (int)(Math.random()*90+10);
%>
<%=n1 %>和<%=n2 %>的最大公约数为：
<%
    int r = n1 % n2;
    while(r>0){n1 = n2; n2 = r; r = n1 % n2;}
%>
<%=n2 %><br>
```

图 2-10

一段 Java 代码可被分割成多个 Java 代码段，并可在这些 Java 代码段之间插入其他标记元素，但多个 Java 代码段合并在一起的语法必须完整。例如，在图 2-11 左边所示的代码中把所有的 Java 代码段合并在一起后，for、if 等语句的结构都是完整的，其执行效果如图 2-11 右边所示。

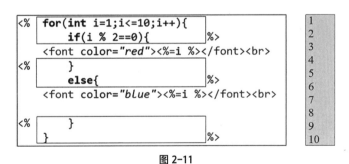

图 2-11

2.3.3　JSP 引擎对 Java 表达式与 Java 代码段的转译处理

正如第 1 章第 4 节中所述，JSP 引擎会把 JSP 页面转译成 Servlet 类。如何找到 Eclipse 创建的项目中某个 JSP 文件对应的 Servlet 类源文件？例如，ch2 项目中的 example2_1.jsp 对应的 Servlet 类源代码文件路径为 Eclipse 工作目录的 \.metadata \.plugins\org.eclipse.wst.server. core\tmp0\work\Catalina\localhost\ch2\org\apache\jsp 目录，其生成的文件和所在位置如图 2-12 所示。

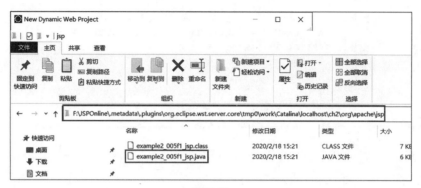

图 2-12

JSP 页面中除指令标记、成员变量和成员方法外的其他元素会被转译成对应 Servlet 类的 _jspService 方法的一部分。用 out.write 方法输出 HTML，用 out.print 方法输出 Java 表达式，Java 代码段则保持不变。

example2_1.jsp 转换成 Servlet 类后，其 _jspService 方法中的部分代码如下：

```
out.write("\r\n");
out.write("<html><body bgcolor=cyan><font size=2>\r\n");
out.write("<form action=\"example3_5_receive.jsp\" method=\"post\"
name=\"form1\">\r\n");
out.write("<br>背景音乐:\r\n");
out.write("<input type=\"radio\" name=\"R\" value=\"on\" >打开  \r\n");
out.write("<input type=\"radio\" name=\"R\" value=\"off\"
checked=\"checked\">关闭\r\n");
out.write("<br>喜欢的球队: \r\n");
out.write("<input type=\"checkbox\" name=\"item\" value=\"国际米兰队\" >
国际米兰队\r\n");
out.write("<input type=\"checkbox\" name=\"item\" value=\"AC米兰队\" >AC
米兰队\r\n");
out.write("<br><input type=\"checkbox\" name=\"item\" value=\"罗马队\" >
罗马队\r\n");
out.write("<input type=\"checkbox\" name=\"item\" value=\"慕尼黑队\" >慕
尼黑队\r\n");
out.write("<input type=\"hidden\" value=\"我是球迷,但不会踢球\"
name=\"secret\">\r\n");
out.write("<br><input type=\"submit\" value=\"提交\"
name=\"submit\">\r\n");
out.write("<input type=\"reset\" value=\"重置\"  >\r\n");
out.write("</form></font></body></html>");
```

例程 2-2 是一个应用 Java 表达式与 Java 代码段的综合实例，其代码如下：

example2_2.jsp（例程2-2）

```
<%@ page contentType="text/html;charset=UTF-8" %>
<html><body bgcolor=cyan><font size=6>
<%=2 %>^10=<font color="red"><%=(int)Math.pow(2,10)%></font><br>
<%=2+2 %>^20=<font color="red"><%=(int)Math.pow(2, 20) %></font><br>
<% int sum=0, n = (int)(Math.random()*10+10);
    for(int i=1;i<=n;i++) {    sum += i; }
%>1到<%=n %>之和为<%=sum %><br><%
    int n1 = (int)(Math.random()*90+10);
    int n2 = (int)(Math.random()*90+10);
%>
<%=n1 %>和<%=n2 %>的最大公约数为<%
    int r = n1 % n2;
    while(r>0){n1 = n2; n2 = r; r = n1 % n2;}
%>
<%=n2 %><br></font></body></html>
```

例程 2-2 的执行效果如图 2-13 所示。

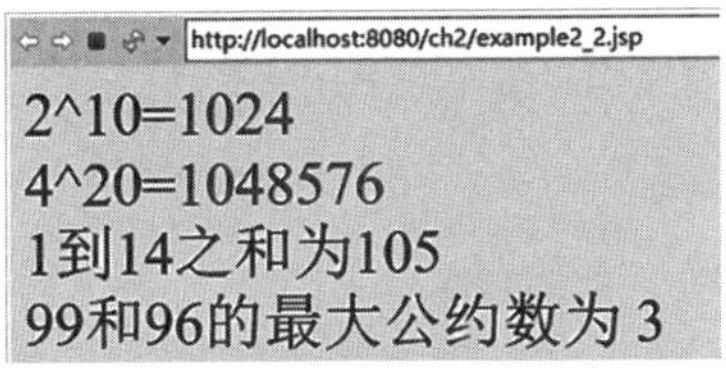

```
http://localhost:8080/ch2/example2_2.jsp
2^10=1024
4^20=1048576
1到14之和为105
99和96的最大公约数为 3
```

图 2-13

例程 2-3 是一个应用 Java 表达式与 Java 代码段动态生成 n 行表格的程序，具体代码如下：

example2_3.jsp（例程2-3）

```
<%@ page contentType="application/msword" %>
<HTML><body><table border='1' bgcolor="yellow">
<tr><%
    int n = (int)(Math.random()*5)+5;
    for(int i=1;i<=5;i++){
%><th width="100" align="center">header <%=i %></th><%
    }
%></tr><%
    for(int i=1;i<=n;i++){
%><tr>
<%
        for(int j=1;j<=5;j++){
```

```
%><td align="center">cell[<%=i %>][<%=j %>]</td>
<%    }    %>
</tr>
<%  }    %>
</table></body></HTML>
```

例程 2-3 的运行效果如图 2-14 所示。

header 1	header 2	header 3	header 4	header 5
cell[1][1]	cell[1][2]	cell[1][3]	cell[1][4]	cell[1][5]
cell[2][1]	cell[2][2]	cell[2][3]	cell[2][4]	cell[2][5]
cell[3][1]	cell[3][2]	cell[3][3]	cell[3][4]	cell[3][5]
cell[4][1]	cell[4][2]	cell[4][3]	cell[4][4]	cell[4][5]
cell[5][1]	cell[5][2]	cell[5][3]	cell[5][4]	cell[5][5]
cell[6][1]	cell[6][2]	cell[6][3]	cell[6][4]	cell[6][5]
cell[7][1]	cell[7][2]	cell[7][3]	cell[7][4]	cell[7][5]
cell[8][1]	cell[8][2]	cell[8][3]	cell[8][4]	cell[8][5]
cell[9][1]	cell[9][2]	cell[9][3]	cell[9][4]	cell[9][5]

图 2-14

2.4　JSP 页面成员方法与成员变量

本节讲解成员方法与成员变量的定义与使用，以及它们在例程中所表现特点的背后机制。

2.4.1　JSP 成员方法的定义与使用

JSP 页面中的方法必须定义在"<%!"和"%>"标记之间，注意"<%!"是一个整体，中间不能有空格，如"<% !"或"< %!"是错误的。图 2-15 为 JSP 成员方法的定义实例。

```
<%! //定义区
    private int sum(int m,int n){            //方法定义
        int s = 0;
        for(int i=m;i<=n;i++) s +=i;
        return s;
    }
%>
```

图 2-15

类似在图 2-15 中定义的方法被称为 JSP 成员方法，它们会变成 JSP 页面转换所得 Servlet 类的成员方法。JSP 成员方法在整个 JSP 页面都可被调用，与其声明位置无关。

2.4.2　JSP 成员变量的定义与使用

在"<%!"和"%>"标记符之间除了可以定义成员方法外，也可以定义成员变量，如图 2-16 所示。

```
<%! //定义区
    int count=0;                              //成员变量定义
%>
```

图 2-16

在定义区定义的变量被称为 JSP 页面的成员变量，它们会变成 JSP 页面转换所得 Servlet 类的成员变量。因此，声明的成员变量在整个 JSP 页面内都有效，且与声明位置无关。例程 2-4 应用 JSP 成员变量实现了网页访问量计数功能，并应用成员方法计算两整数之间所有整数之和，同时验证了成员变量与局部变量之间的差异。例程 2-4 的代码如下：

```
example2_4.jsp（例程2-4）
<%@ page contentType="text/html;charset=GB2312" %>
<html><body bgcolor="white">
<font size="5">
<%! //定义区
    int count=0;                              //成员变量定义
%>
<!-- count是成员变量 -->
当前页面已经被访问<font color="red"><%=++count %></font>次<br>
<%
    int n1 = 10, n2=20;
%>
<%=n1 %>到<%=n2 %>的和为：<%=sum(n1,n2) %><br>
<%! //定义区
    private int sum(int m,int n){            //方法定义
        int s = 0;
        for(int i=m;i<=n;i++) s +=i;
        return s;
    }
%>
局部变量n1=<%=++n1 %>     <!-- n1是局部变量 -->
</font>
</body></html>
```

上面代码的执行效果如图 2-17 所示，其中左边为第 1 次访问此页面时的效果，右边是用另一个浏览器稍后访问此页面的效果。由此可见，JSP 成员变量的值在 2 次访问中被累计，即所有客户端共享 count 变量，而局部变量 n1 没有被累计，因为每个客户端访问该页面的局部变量 n1 相互独立。

http://localhost:8080/ch2/example2_4.jsp	http://localhost:8080/ch2/example2_4.jsp
当前页面已经被访问1次 10到20的和为：165 局部变量n1=11	当前页面已经被访问2次 10到20的和为：165 局部变量n1=11

图 2-17

2.4.3　JSP 引擎对 JSP 成员变量与成员方法的转译处理

JSP 引擎将 JSP 页面转译成为对应 Servlet 类的处理方式如图 2-18 所示。

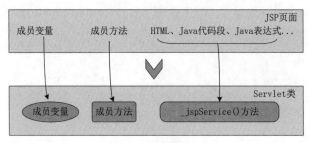

图 2-18

JSP 成员变量和成员方法被转译成对应 Servlet 类中的成员变量与成员方法，而 HTML、Java 代码段和 Java 表达式则被转译成 _jspService 方法的一部分。

JSP 成员变量与代码段中的局部变量有不同表现的原因如图 2-19 所示。

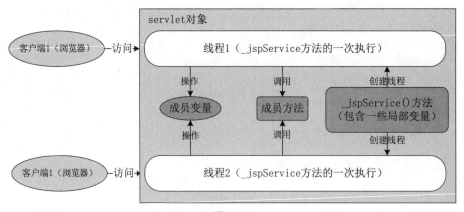

图 2-19

当多个用户请求一个 JSP 页面（实际请求的是相应的 servlet 对象）时，JSP 引擎为每个用户启动 1 个线程，线程的执行体就是 servlet 对象的 _jspService 方法。这些线程共享 servlet 对象的成员变量，因此任何一个用户对 JSP 页面成员变量的操作，都会影响其他用户。而 Java 代码段最终会被转译成为 _jspService 方法的一部分，因此定义在代码段中的变量实际上是 _jspService 方法中的局部变量，这些局部变量在多个线程中各自都有副本，互不干扰、相互独立。

2.5 JSP 页面中的 page 指令标记

本节讲解 page 指令标记的功能与用法，包括 page 指令标记的 contentType、contentEncoding 和 import 等属性。

2.5.1 page 指令标记概述

JSP 指令是为 JSP 引擎而设计的，并不直接产生任何可见输出，而只是告诉 JSP 引擎如何处理 JSP 页面中的其余部分。JSP 常用的指令标记有 page 指令标记和 include 指令标记。

JSP 指定的语法格式如下：<%@ 指令 属性名 =" 值 " %>。例如：

<%@page import="java.sql.Connection"%>

page 指令用来定义整个 JSP 页面的一些属性和这些属性的值，属性值用单引号或双引号括起来。

<%@ page 属性1="属性1的值"   属性2= "属性2的值"   ......%>

或

<%@ page 属性1="属性1的值"   %>

......

<%@ page 属性n="属性n的值" %>

例如：

<%@page contentType="text/html;charset=UTF-8"%>

page 指令的作用对整个 JSP 页面有效，与其书写的位置无关，一般习惯把 page 指令写在 JSP 页面的最前面。

page 指令支持的属性如下。

（1）contentType：用于设置当前 JSP 页面的 MIME 类型和 JSP 页面字符编码。

（2）pageEncoding：用于告诉 JSP 引擎用什么编码读取当前 JSP 页面。

（3）import：用于为当前页面引入指定 java 包中的类（后面会详细讲解）。

（4）language：用于设置当前页面使用的语言，目前只支持 Java。

（5）session：true|false，是否支持 session 对象。

2.5.2 page 指令的 contentType 属性

page 指令的 contentType 属性确定了 JSP 页面的 MIME 类型和 JSP 页面字符的编码，即通过该属性告诉 JSP 引擎（Tomcat 服务器）以什么类别和什么编码向客户端发送数据。

contentType 属性值的一般形式是 "MIME 类型 ;charset= 编码" 或 "MIME 类型"。

<%@ page contentType="text/html;charset=UTF-8" %>

上面的指令用于告诉 JSP 引擎以 HTML 文档以及 UTF-8 编码向客户端发送数据。

下面的代码使用上述指令来告诉 JSP 引擎以 word 文档格式向客户端发送数据。

```
<%@ page contentType="application/msword" %>
<html><body><table border='1' bgcolor="yellow"><tr>
<%  int n = (int)(Math.random()*5)+5;
    for(int i=1;i<=5;i++){
%><th width="100" align="center">header <%=i %></th>
<%  }  %>
</tr>
<% for(int i=1;i<=n;i++){  %>
    <tr>
<%  for(int j=1;j<=5;j++){   %>
    <td align="center">cell[<%=i %>][<%=j %>]</td>
<%       }    %>
    </tr>
<%  } %>
</table></body></html>
```

上面代码的执行效果如图 2-20 所示。

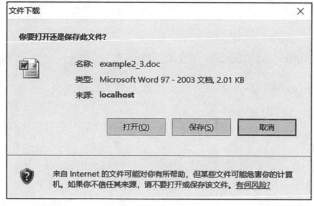

图 2-20

注意：不能两次使用 page 指令给 contentType 属性指定不同的属性值。

2.5.3　page 指令的 pageEncoding 属性

page 指令的 pageEncoding 属性的语法格式如下：<%@page pageEncoding=" 编码 "%>。例如：

```
<%@page pageEncoding="UTF-8"%>
```

page 指令的 pageEncoding 属性、contentType 属性和 HTML 中 <meta> 标签的 charset 属

性在指定编码作用上的区别如下：

（1）pageEncoding 属性用于告诉 JSP 引擎（在把 JSP 页面转译成为相应 Servlet 类时）用什么编码读取当前 JSP 页面的内容。

（2）<%@ page contentType="text/html;charset=GB2312"%> 是告诉 JSP 引擎（在把当前页面数据发送给客户端时）用什么类型和什么编码向客户端发送数据。

（3）<meta content="text/html; charset=UTF-8"> 是告诉浏览器以什么格式和编码来解析收到的内容（此内容会发送给浏览器）。

2.5.4　page 指令的 import 属性

page 指令的 import 属性用于导入当前 JSP 页面需要使用的类。其语法格式如下：<%@ page import =" 含包名的类名 , 含包名的类名 "%>。例如：

```
<%@page import="java.sql.SQLException,java.sql.Connection"%>
```

在 ch2 项目的 src（用于存放 Java 源代码）中定义如图 2-21 所示的 Circle 类。

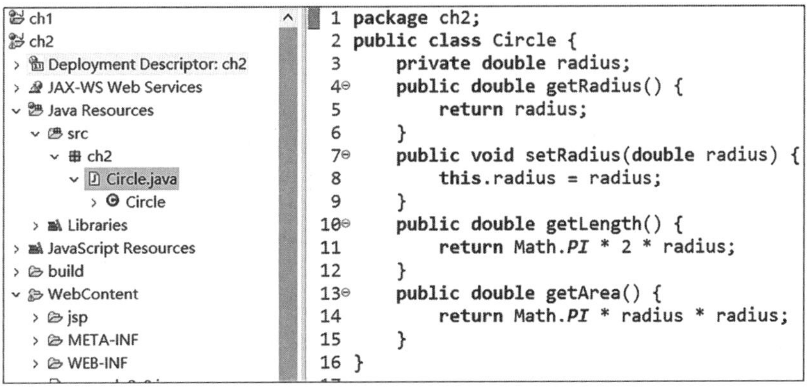

```
ch1
ch2
  Deployment Descriptor: ch2
  JAX-WS Web Services
  Java Resources
    src
      ch2
        Circle.java
          Circle
  Libraries
  JavaScript Resources
  build
  WebContent
    jsp
    META-INF
    WEB-INF
```

```
 1 package ch2;
 2 public class Circle {
 3     private double radius;
 4     public double getRadius() {
 5         return radius;
 6     }
 7     public void setRadius(double radius) {
 8         this.radius = radius;
 9     }
10     public double getLength() {
11         return Math.PI * 2 * radius;
12     }
13     public double getArea() {
14         return Math.PI * radius * radius;
15     }
16 }
17
```

图 2-21

要在例程 2-5 的 example2_5.jsp 中使用该类，就需要使用 page 指令的 import 属性将该类引入当前 JSP 页面，具体代码如下：

example2_5.jsp（例程2-5）

```
<%@page import="ch2.Circle"%>
<%@ page contentType="text/html;charset=utf-8" %>
<html><body bgcolor=cyan>
<%
    Circle c1 = new Circle();
    c1.setRadius(100);
%>
半径为<%=c1.getRadius() %>的圆周长为<%=c1.getLength() %><br>
半径为<%=c1.getRadius() %>的圆面积为<%=c1.getArea() %><br>
```

```
</body></html>
```

例程 2-5 的运行效果如图 2-22 所示。

> http://localhost:8080/ch2/example2_5.jsp
> 半径为100.0的圆周长为628.3185307179587
> 半径为100.0的圆面积为31415.926535897932

图 2-22

2.6　JSP 页面中的 include 指令标记

本节讲解 include 指令标记的功能与用法，以及 include 动作标记的作用阶段和使用时需注意的事项。

2.6.1　include 指令标记的基本使用

include 指令标记用于将其他文件的代码包含进当前 JSP 文件中，是 JSP 实现代码复用的方式之一。其语法格式如下：<%@ include file=" 文件路径 " %>。例如：

```
<%@ include file="example2_6header.jsp" %>
```

开发人员可以把完成相对独立功能的 JSP 页面片段单独保存为一个文件，其他页面需要这一功能时，只要把它包含进来就可以了。这样既能实现代码共享，又能降低代码维护的工作量。

下面通过例程 2-6 介绍 include 指令标记的使用。例程 2-6 包含 3 个 JSP 文件：example2_6header.jsp、example2_6footer.jsp 和 example2_6.jsp。example2_6.jsp 使用 include 指令标记把 example2_6header.jsp 和 example2_6footer.jsp 包含到该文件中，3 个 JSP 文件的具体代码如下：

```
example2_6header.jsp（例程2-6）
<%@ page contentType="text/html;charset=utf-8" %>
<table align="center"><tr><td width="200">
<a href="http://www.nenu.edu.cn">东北师范大学</a></td>
<td width="200"><a href="http://www.ecnu.edu.cn">华东师范大学</a></td>
<td width="200"><a href="http://www.zjut.edu.cn">浙江工业大学</a></td>
<td width="200"><a href="http://www.zjnu.cn">浙江师范大学</a></td>
<td width="200">
<a href="http://www.zjxz.edu.cn">浙江师范大学行知学院</a></td>
</tr></table><hr color="blue">
```

```
example2_6footer.jsp（例程2-6）
<%@ page contentType="text/html;charset=utf-8" %>
<hr color="blue"><center>copyright@zjxz.edu.cn 2020-2022</center>
```

```
example2_6.jsp（例程2-6）
<%@ page contentType="text/html;charset=utf-8" %>
<html><head><title>example6_2.jsp</title></head><body    bgcolor=cyan>
<%@ include file="example2_6header.jsp" %>
<font size=3>这是example2_6.jsp文件，它包含了两个文件。<br>
前部包含进了一个页眉文件<br>
尾部包含进了一个页脚文件<br>
</font><%@ include file="example2_6footer.jsp" %></body></html>
```

访问例程 2-6 的 example2_6.jsp 的效果如图 2-23 所示，其中底部版权声明部分由
example2_6footer.jsp 实现，顶部导航栏由 example2_6header.jsp 实现。

图 2-23

2.6.2 include 指令标记的作用阶段

图 2-24 描述了例程 2-6 中 include 指令标记的作用阶段，即 include 指令标记在 JSP 引
擎把 example2_6.jsp 转译为对应 Servlet 类时起作用。JSP 引擎先把 include 指令标记包括的
文件内容合并到主文件中，再把合并后的文件内容转译成 Servlet 类。往往把用 include 指令
标记实现的包含称为静态包含。

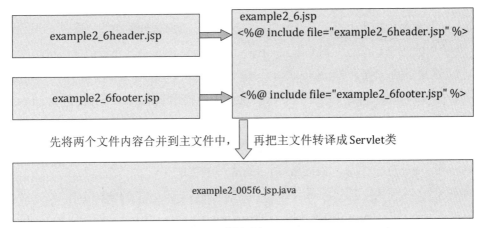

图 2-24

2.6.3 使用 include 指令标记的注意事项

读者在使用 include 指令标记时，需要注意以下三点事项：

（1）被引入的文件必须遵循 JSP 语法。

（2）被引入的文件可以使用任意的扩展名，即使其扩展名是 .html，JSP 引擎也会按照处理 JSP 页面的方式处理它里面的内容。为了见名知意，JSP 规范建议使用 .jspf(JSP fragments) 作为静态引入文件的扩展名。

（3）由于使用 include 指令将会涉及多个 JSP 页面，并会把多个 JSP 转译成一个 Servlet 类，因此这多个 JSP 页面的指令不能有冲突。例如，多个文件在使用 page 指令设置 contentType 属性时，其值不能相互冲突。

2.7 JSP 页面中的 include 动作标记

本节讲解 include 动作标记的功能与使用方法，以及 include 动作标记与 include 指令标记的差异。

2.7.1 JSP 动作标记

JSP 动作标记是一种特殊的标记，由 JSP 引擎在执行 JSP 页面（实际上是对应的 servlet 对象）时起作用，影响 JSP 运行时的输出结果。JSP 常用动作标记主要包括以下几个：

（1）include 动作标记。

（2）forward 动作标记。

（3）param 动作子标记（与前面两个动作标记配合使用，在第 3 章中学习）。

（4）useBean 动作标记（在第 4 章中学习）。

（5）getProperty 动作标记（与 useBean 动作标记配合使用，在第 4 章中学习）。

（6）setProperty 动作标记（与 useBean 动作标记配合使用，在第 4 章中学习）。

include 动作标记用于把指定文件的执行结果包括到当前文件的执行结果中，也是在 JSP 实现代码重用的一种方式。其语法格式如下：<jsp:include page=" 要包含的文件路径 "/>。

下面通过例程 2-7 介绍 include 动作标记的使用。例程 2-7 包含两个 JSP 页面：example2_7A.jsp 和 example2_7.jsp。其中 example2_7.jsp 使用 include 动作标记把 example2_7A.jsp 包含到该文件中。例程 2-7 的具体代码如下：

```
example2_7A.jsp（例程2-7）
<%@ page contentType="text/html;charset=UTF-8" %>
<h2><% out.write("这是来自example2_7A.jsp的内容！");   %></h2>
```

```
example2_7.jsp（例程2-7）
<%@ page contentType="text/html;charset=UTF-8" %>
<html><body>
<jsp:include page="example2_7A.jsp"/>
```

```
<h1>这是来自example2_7.jsp的内容!</h1>
</body></html>
```

访问 example2_7.jsp 的效果如图 2-25 所示,其中"这是来自 example2_7A.jsp 的内容!"的文字来自 example2_7A.jsp 文件的执行结果。

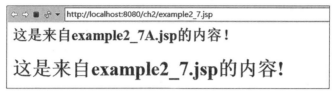

图 2-25

2.7.2 include 动作标记与 include 指令标记的区别

图 2-26 描述了例程 2-7 中 include 动作标记的作用阶段。JSP 引擎将两个 JSP 文件分别转译为相应的 Servlet 类。JSP 引擎在执行相应 servlet 时,会把为 include 动作标记指定文件的执行结果插入当前文件的执行结果中。往往把 include 动作标记实现的包含称为动态包含。

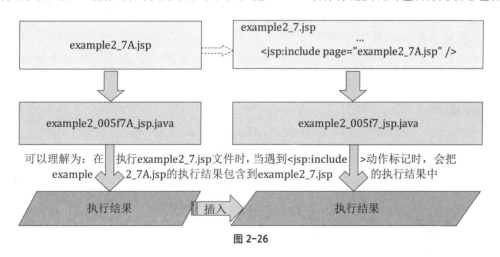

图 2-26

include 动作标记与 include 指令标记的差异如表 2-1 所示。

表 2-1

比较项	include 指令(静态包含)	include 动作(动态包含)
语法格式	<%@include file=".." %>	<jsp:include page=".." >
作用时间	页面转换时	servlet 被执行时
包含的内容	文件的实际内容(源代码)	相应 servlet 的执行结果
转换 servlet	主页面和包含页面转换为一个 servlet	主页面和包含页面分别转换为独立的 servlet
编译时间	较慢,需要合并多个页面	较快
执行时间	较快	较慢,每次都需要重新执行
适用场景	页面内容不经常变化时	页面内容经常变化时

2.8 JSP 页面中的 forward 动作标记

本节讲解 forward 动作标记的功能与用法，以及 forward 动作标记的作用阶段。

2.8.1 forward 动作标记的使用

forward 动作标记用于将当前页面的请求转发到另外能处理该请求的目标对象。目标对象既可以是静态的 HTML 页面，也可以是动态的 JSP 页面或者 servlet。

forward 动作标记的语法格式如下：

```
<jsp:forward page="{relativeURL|<%=expression%>}">
    {<jsp:param..../>}
</jsp:forward>
```

其中 page 属性用于指定请求转发的目标，<jsp:param..../> 标记用于设置请求参数。请求参数的值可以被目标对象中 HttpServletRequest 类的 getParameter 方法获得，因此该标记将在第 3 章中学习。

下面通过例程 2-8 介绍 forward 动作标记的使用。例程 2-8 包含两个 JSP 文件：example2_8A.jsp 和 example2_8.jsp。其中 example2_8.jsp 使用 forward 动作标记把对当前页面的请求转发给 example2_8A.jsp。例程 2-8 的具体代码如下：

```
example2_8A.jsp（例程2-8）
<%@ page contentType="text/html;charset=UTF-8" %>
<h2>这是来自example2_8A.jsp的内容！</h2>
```

```
example2_8.jsp（例程2-8）
<%@ page contentType="text/html;charset=UTF-8" %>
<html><body>
<h1>这是来自example2_8.jsp内容的前半部分!</h1>
<jsp:forward page="example2_8A.jsp"/>
<h1>这是来自example2_8.jsp内容的后半部分!</h1>
</body></html>
```

访问 example2_8.jsp 的效果如图 2-27 所示。在图 2-27 中可以看到，浏览器的地址栏显示的是 example2_8.jsp 的地址，显示的内容则是 example2_8A.jsp 的执行结果。实际上，通过 forward 动作标记转发请求时，发起请求转发的页面和目标对象属于同一个请求（request），有关 request 的相关内容将在第 3 章中学习。

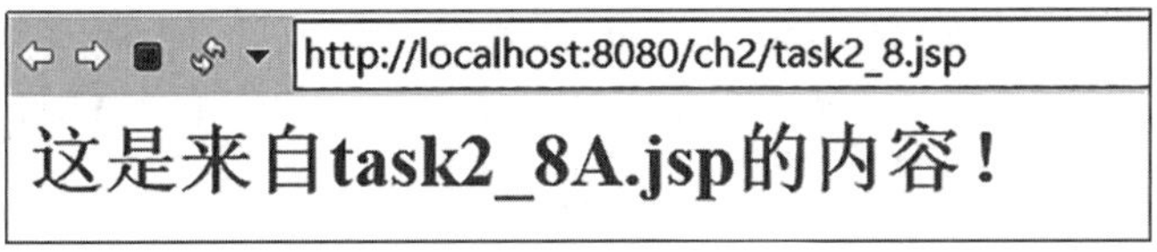

http://localhost:8080/ch2/task2_8.jsp

这是来自task2_8A.jsp的内容！

图 2-27

2.8.2　forward 动作标记的作用阶段

图 2-28 描述了例程 2-8 中 include 动作标记的作用阶段。JSP 引擎把两个 JSP 文件分别转译为相应的 Servlet 类。JSP 引擎在执行相应 servlet 时，会把当前请求转发给 forward 动作标记指向的目标对象，目标对象会把执行结果返回给客户端。

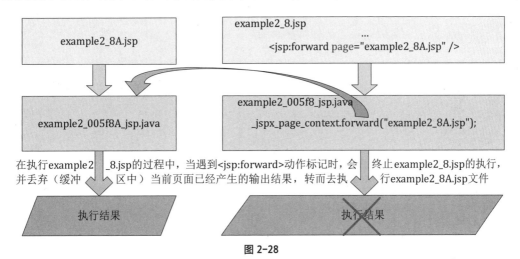

图 2-28

注意：在执行某个 JSP 页面的过程中，当遇到 forward 动作标记时，会立即结束当前页面的执行，同时丢弃（缓冲区中）当前页面已经产生的输出结果，并转向（forward）指定目标对象去执行。

从表面看，forward 动作标记给人一种感觉：它将用户请求转发到另一个页面。但实际上，forward 动作标记并没有重新向新页面发送请求，只是完全采用新页面来对用户请求进行响应，即对客户端来说依然是同一次请求，所以请求参数及相关属性不会丢失，客户端浏览器地址栏的地址信息也没有改变。

2.9　JSP 页面文件的存放路径及引用

本节讲解 JSP 页面文件的存放路径及其引用方式。

2.9.1　WebContent 目录及其子目录中资源的访问方式

在使用 Eclipse 开发 Dynamic Web Project 项目时，WebContent 目录是正在开发的 Web 应用程序的根目录，放在该目录下的资源（如 example2_9.jsp）采用如下方式进行访问：

http:// 主机名 : 端口 / 项目名 / 资源名。如 http://localhost:8080/ch2/example2_9.jsp。

WebContent 目录下自建的子目录（如 jsp）会自动映射为 Web 应用程序的虚拟目录，放在该目录下的资源（如 example2_9A.jsp）采用如下方式进行访问：http:// 主机名 : 端口 / 项目名 / 子目录 / 资源名。例如：

```
http://localhost:8080/ch2/jsp/example2_9A.jsp
```

2.9.2　JSP 页面中对其他文件的引用方法

当需要引用同一目录中的某个文件时，可直接使用要引用文件的文件名。例如，example2_8A.jsp 文件与 example2_9.jsp 文件处于同一个目录中，则在 example2_9.jsp 引用 example2_8A.jsp 的方式如下：

```
<a href="example2_8A.jsp">访问同一目录下的example2_8A.jsp文件</a>
```

当需要引用当前文件所在目录中的某个子目录下的文件时，可在被引用文件的文件名前加上相对路径。例如在图 2-29 所示的目录结构中，example2_9.jsp 采用如下方式引用 example2_9A.jsp 和 example2_9B.jsp。

```
<a href="jsp/example2_9A.jsp">访问example2_9A.jsp文件</a>
<a href="jsp/common/example2_9B.jsp">访问example2_9B.jsp文件</a>
```

当需要引用父目录中的某个文件时，使用"../"表示父目录，用"../../"表示父目录的父目录。例如在图 2-29 所示的目录结构中，example2_9A.jsp 和 example2_9B.jsp 分别采用如下方式引用 example2_9.jsp。

```
<a href="../example2_9.jsp">访问example2_9.jsp文件</a>
<!--example2_9A.jsp -->
<a href="../../example2_9.jsp">访问example2_9.jsp文件</a>
<!--example2_9B.jsp -->
```

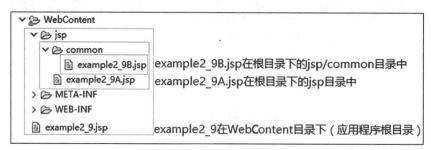

图 2-29

WebContent 目录下的 WEB-INF 是 Java Web 应用的安全目录。所谓安全，就是客户端无法访问，只能由服务端通过 include 和 forward 等动作标记或等价代码进行访问。

例如在 WEB-INF 目录下有一个名为 example2_9C.jsp 的文件，则 example2_9.jsp 文件不能通过如下方式访问 example2_9C.jsp。

```
<a href=" WEB-INF/example2_9C.jsp">访问example2_9D.jsp文件</a>
<!-- 无法访问成功 -->
```

但可以通过如下方式进行访问。

```
<jsp:include page="WEB-INF/example2_9C.jsp"/>
```

若 WEB-INF 目录中的文件想要引用 WebContent 目录下的文件，则可采用如下方式进行访问。

```
<a href="example2_9.jsp">访问根目录下的example2_9.jsp文件</a>
```

注意：其引用路径不需要加 "../" 表示 WebContent 目录。

2.10　章节练习

一、单选题

1. JSP 页面以（　　）为扩展名进行保存。

A. .jps　　　　　　　　B. .jsp　　　　　　　　C. .java　　　　　　　　D. .html

2. 在 JSP 中，要定义一个方法，需要用到以下（　　）元素。

A. <% %>　　　　　　B. <%! %>　　　　　　C. <%@ %>　　　　　　D. <%= %>

3. 给定以下 JSP 代码片段，有两个客户依次浏览该 JSP 一次，第 2 个客户会看到浏览器显示（　　）。

```
<%int x = 1; %>
<%!int x = 10; %>
x =<%=x++%>
```

A. x=1　　　　　　　　B. x=2　　　　　　　　C. x=10　　　　　　　　D. x=11

4. 访问一个 JSP 时，Tomcat 实际调用的是（　　）。

A. java 文件　　　　　B. class 文件　　　　　C. HTML　　　　　　　D. JSP

5. page 指令用于定义 JSP 文件中的全局属性，下列关于该指令用法的描述错误的是（　　）。

A. <%@ page %> 作用于整个 JSP 页面

B. 可以在一个页面中使用多个 <%@ page %> 指令

C. 为增强程序的可读性，建议将 <%@ page %> 指令放在 JSP 文件的开头，但不是必须的

D. <%@ page %> 指令中的属性只能出现一次

6. 在 JSP 中使用 <jsp:forward page = "newworld.jsp" /> 后浏览器地址栏内的内容

（　　）。

A. 发生变化　　　　B. 不发生变化　　　　C. 错误用法　　　　D. 可能变化

7. 给定一个 JSP 程序源代码，如下：

```
<jsp:include page="two.jsp" flush="true">
<jsp:param name="location" value="bejing"/>
</jsp:include>
```

在 two.jsp 中使用（　　　）代码片段可以输出参数 location 的值。

A. <jsp:getParameter name="location" >

B. <%=request.getParameter("location") %>

C. <%=request.getAttribute("location") %>

D. <jsp:getParam name="location">

8. page 指令中的"contentType"属性用于指出（　　　）。

A. 数据库类型　　　　B. 网页类型　　　　C. 服务器类型　　　　D. 用户类型

9. 在 JSP 中，（　　　）动作用于将请求转发给其他 JSP 页面。

A. useBean　　　　B. setProperty　　　　C. forward　　　　D. include

10. 在 JSP 中，给定以下 JSP 代码片段：

```
<% int x=5; %>
<%!  int x=7;   Int getX(){ return x;}      %>
<% out.print("X1="+ x); %>
<% out.print("X2="+ getX()); %>
```

其运行结果是（　　　）。

A. X1=5　X2=7　　　　B. X1=5　X2=5　　　　C. X1=7　X2=7　　　　D. X1=7　X2=5

二、简答题

1. 简述 JSP 页面中包含哪些元素。

2. JSP 中动态包含（即 include 动作标记）与静态包含（即 include 指令标记）的区别有哪些？

3. <jsp:include> 动作标记与 <jsp:forward> 动作标记有什么区别？

三、编程题

1. 编写一个简单的 JSP 页面，显示如图 2-30 所示的验证码显示功能。验证码的长度为 4，它从 26 个大写英文字母和 0 至 9 的 10 个数码中随机选择生成。

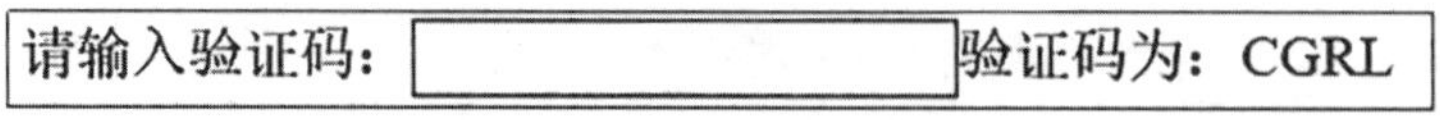

请输入验证码：		验证码为：CGRL

图 2-30

2. 编写一个简单的 JSP 页面，显示如图 2-31 所示的十六进制数码对应表。

0	1	2	3	4	5	6	7	8	9	A	B	C	D	E	F
0	1	2	3	4	5	6	7	8	9	10	11	12	13	14	15

图 2-31

3. 编写一个简单的 JSP 页面，显示如图 2-32 所示的九九乘法表。

1*1=1	1*2=2	1*3=3	1*4=4	1*5=5	1*6=6	1*7=7	1*8=8	1*9=9
	2*2=4	2*3=6	2*4=8	2*5=10	2*6=12	2*7=14	2*8=16	2*9=18
		3*3=9	3*4=12	3*5=15	3*6=18	3*7=21	3*8=24	3*9=27
			4*4=16	4*5=20	4*6=24	4*7=28	4*8=32	4*9=36
				5*5=25	5*6=30	5*7=35	5*8=40	5*9=45
					6*6=36	6*7=42	6*8=48	6*9=54
						7*7=49	7*8=56	7*9=63
							8*8=64	8*9=72
								9*9=81

图 2-32

第 3 章　JSP 内置对象

3.1　out 对象的使用

本节简要介绍 JSP 页面中的 9 个内置对象，详细讲解 out 对象的功能与用法，并通过例程 3-1 介绍 out 对象的具体应用。

3.1.1　JSP 内置对象简介

JSP 提供了由容器实现和管理的内置对象，内置对象也被称为隐含对象。由于 JSP 使用 Java 作为脚本语言，所以 JSP 具有强大的对象处理能力，并且可以动态创建 Web 页面内容。但 Java 语法在使用一个对象前，需要先实例化这个对象，这其实是一件比较烦琐的事情。JSP 为了简化开发，为 JSP 页面提供了一些内置对象，用来实现很多 JSP 应用。在 JSP 页面中，开发者不需要显式地创建这些内置对象就可以直接使用。JSP 中的 9 个内置对象及其主要功能如表 3-1 所示。

表 3-1

对象	主要功能
out	是一个用于向客户端浏览器输出信息的流对象
request	代表客户端的请求，用它可获取客户端信息
response	代表对客户端的响应
session	用于存放当前用户"全局变量"的容器对象
application	用于存放所有用户"全局变量"的容器对象
pageContext	代表 JSP 页面的运行环境
config	配置对象，利用它可以获取服务器的配置信息
page	代表 JSP 页面本身
exception	用于显示异常信息

JSP 内置对象之所以能够在 JSP 页面中直接使用，是因为 JSP 引擎在调用 _jspService 方法时，会传递两个对象给它，并在方法开始部分定义并创建其他几个对象。其关键代码如图 3-1 所示。

```
public void _jspService(final javax.servlet.http.HttpServletRequest request,
        final javax.servlet.http.HttpServletResponse response)
        throws java.io.IOException, javax.servlet.ServletException {
final java.lang.String _jspx_method = request.getMethod();
if (!"GET".equals(_jspx_method) && !"POST".equals(_jspx_method) && !"HEAD".equ
    final javax.servlet.jsp.PageContext pageContext;
    javax.servlet.http.HttpSession session = null;
    final javax.servlet.ServletContext application;
    final javax.servlet.ServletConfig config;
    javax.servlet.jsp.JspWriter out = null;
    final java.lang.Object page = this;
    javax.servlet.jsp.JspWriter _jspx_out = null;
    javax.servlet.jsp.PageContext _jspx_page_context = null;
```

图 3-1

3.1.2　out 对象的具体应用

out 对象是 JSP 页面的内置对象之一，编程人员无须显式地创建它就可以在 JSP 页面的 Java 代码段中直接使用。out 对象是一个用于向客户端（浏览器）输出信息的流对象，使用 out 对象可以直接在 Java 代码段中输出 HTML 文本。

out 对象的常用方法如下：

（1）write(char)。

（2）write(char c[])。

（3）write(String s)。

（4）write() 方法的其他重载版本。

（5）print(int)。

（6）print(double)。

（7）print() 方法的其他重载版本。

（8）newLine()。该方法输出 HTML 源码换行符号（不是
 标签）。

write 重载方法只能输出与字符相关的内容，而 print 重载方法能输出各种类型的内容。下面通过例程 3-1 介绍 out 对象的使用。

```jsp
example3_1.jsp（例程3-1）
<%@ page contentType="text/html;charset=UTF-8" %>
<HTML><body bgcolor=cyan><font size=6>
<%   for(int i=1;i<=10;i++){
        if(i % 2==0)
            out.write("<font color='red'>"+i+"</font><br>");
        else{
            out.write("<font color='blue'>"+i+"</font>");
            out.newLine();
        }
    }
%>
</font></body></HTML>
```

例程 3-1 的运行效果如图 3-2 所示。

图 3-2

3.2 request 对象获取 URL 参数

本节简要介绍 request 对象的功能与常用方法，讲解使用 URL 参数的设置以及 request 对象获取 URL 参数的方法，并通过例程 3-2 进行举例。

3.2.1 request 对象概述

request 对象代表客户端的请求。当客户端向服务器端发送请求时，服务器为本次请求创建一个 request 对象，并在调用 servlet 对象的 service 方法时，将该对象传递给 service 方法。request 对象中封装了所有客户端发送过来的请求数据，通过该对象提供的一些方法，可以获得客户端请求的所有信息。

request 对象的类型是 HttpServletRequest，该类中定义了很多与 HTTP 协议相关的方法，如获取请求头信息、请求方式、客户端 IP 地址等信息的方法。

request 对象常见的应用场景如下：

（1）获取 URL 携带的参数。

（2）获取页面表单中的参数。

（3）获取 <jsp:include/> 和 <jsp:forward/> 请求中的参数。

（4）获取客户端的其他信息。

（5）在同一个 request 的不同页面之间传递数据。

3.2.2 request 对象获取 URL 参数的方法

在 URL 中，可以通过如下方式携带参数：文件 .jsp? 参数名 1= 参数值 & 参数名 2= 参数值…。例如：

```
<a href="example3_2A.jsp?num=10">计算10的阶乘</a>
```

request 对象采用如下方式获取 URL 参数：String getParameter(String 参数名)。

下面通过例程 3-2 讲解使用 request 对象的 getParameter 方法获取 URL 参数的方法。例程 3-2 包含两个 JSP 文件：example3_2.jsp 和 Example3_2A.jsp。它们的具体代码如下：

```
example3_2.jsp（例程3-2）
<%@ page language="java" contentType="text/html; charset=UTF-8"
    pageEncoding="UTF-8"%>
<!DOCTYPE html>
<html>
<head><meta charset="UTF-8"><title>计算n的阶乘</title></head>
<body><a href="example3_2A.jsp?num=10">计算10的阶乘</a></body>
</html>
```

```
example3_2A.jsp（例程3-2）
<%@ page language="java" contentType="text/html; charset=UTF-8"
    pageEncoding="UTF-8"%>
<%!
long nfact(int n){
    long s = 1; for(int i=1;i<=n;i++) s*=i;    return s;
}
%>
<!DOCTYPE html><html>
<head><meta charset="UTF-8"><title>计算n的阶乘</title></head>
<body>
<%
    request.setCharacterEncoding("utf-8");
    //获得表单域num和submit的数据
    String ns = request.getParameter("num");
    if(ns==null){
        out.write("<font color='red'>获取URL参数失败</font>");
        return;
    }
    int n;
    try{
        n = Integer.parseInt(ns);
    }
    catch(Exception e){
        out.write("<font color='red'>URL中的参数不是有效的数字</font>      ");
        return;
    }
    out.write(submitName+"的结果是：");
    out.write("<font color='blue'>"+ n+"!="+nfact(n)+ "</font>");
%>
</body></html>
```

访问 example3_2.jsp 的效果如图 3-3 所示，单击"计算 10 的阶乘"超链接，浏览器将
显示如图 3-4 所示的内容。

图 3-3

← → ▣ 🔄 ▾ http://localhost:8080/ch3/example3_2A.jsp?num=10

10!=3628800

图 3-4

使用 request 对象的 getParameter 方法获取参数时需要注意以下问题：

（1）getParameter 方法返回的结果是字符串型。

（2）为了支持中文，使用 request 对象的 getParameter 方法获取参数前，需要通过 request 对象的 setCharacterEncoding 方法设置以什么编码来读取参数值。

（3）为了保证程序的健壮性，需要判断参数是否获取成功。

3.3 request 对象获取单行文本框数据

本节讲解 request 对象获取表单中单行文本框的方法，并通过例程 3-3 进行举例。

3.3.1 request 对象获取单行文本框数据的方法

表单及单行文本框的一般格式如下：

```
<form action="提交的目标" method="post|get">
<input type="text" name="名称" value="值"/>
</form>
```

下面通过例程 3-3 讲解 request 对象获取单行文本框的方法。例程 3-3 包含两个 JSP 文件：example3_3.jsp 和 example3_3A.jsp。其中 example3_3.jsp 中定义了一个表单，表单中定义了一个 name 属性值为 "num" 的单行文本框。在 example3_3A.jsp 中用 request 对象获取 example3_3.jsp 传递过来的单行文本框数据，并做进一步处理。

例程 3-3 的具体代码如下：

```
example3_3.jsp（例程3-3）
<%@ page language="java" contentType="text/html; charset=UTF-8"
    pageEncoding="UTF-8"%>
<!DOCTYPE html><html>
<head><meta charset="UTF-8"><title>Insert title here</title></head><body>
<form action="example3_3A.jsp" method="post">
<input type="text" width="100" name="num" value="5"/>
<input type="submit" name="submit" value="计算"/>
</form>
</body></html>
```

```
example3_3A.jsp（例程3-3）
<%@ page language="java" contentType="text/html; charset=UTF-8"
    pageEncoding="UTF-8"%>
<%!
long nfact(int n){
    long s = 1;   for(int i=1;i<=n;i++) s*=i;   return s;
}
%>
<!DOCTYPE html><html>
<head><meta charset="UTF-8"><title>计算n的阶乘</title></head>
<body>
<%
    request.setCharacterEncoding("utf-8");//设置从request读取数据用的编码
    String ns = request.getParameter("num"); //获得表单域num和submit数据
    String submitName = request.getParameter("submit");
    if(ns==null || submitName==null){
        out.write("<font color='red'>获取URL参数失败</font>"); return;
    }
    int n;
    try{ n = Integer.parseInt(ns);     }
    catch(Exception e){
        out.write("<font color='red'>URL中的参数不是有效的数字</font>");
        return;
    }
    out.write(submitName+"的结果是：");
    out.write("<font color='blue'>"+ n+"!="+nfact(n)+ "</font>");
%>
</body></html>
```

访问 example3_3.jsp 的页面效果如图 3-5 所示。在图 3-5 所示页面的单行文本框中输入数字（如 5），单击【计算】按钮，浏览器将显示如图 3-6 所示的内容。

图 3-5　　　　　　　　　　　　　　　　图 3-6

3.3.2　表单数据的传递机制

例程 3-3 中 request 对象获取表单中单行文本框数据的方法与机制如图 3-7 所示。

```
<input type="text" width="100" name="num" value="5"/>
<input type="submit" name="submit" value="计算"/>

request.setCharacterEncoding("utf-8");
//获得表单域num和submit的数据
String ns = request.getParameter("num");
String submitName = request.getParameter("submit");
```

图 3-7

当使用 request 对象的 getParameter 方法获取单行文本框数据时，其参数为单行文本框的 name 属性值，获得的值为单行文本框中的内容，即 value 属性的值。

3.4　request 对象获取其他简单输入域数据

本节简要介绍表单中的其他简单输入域的设置，讲解使用 request 对象获取其他简单输入域数据的方法，并通过例程 3-4 进行举例。

3.4.1　表单其他简单输入域介绍

表单中常用的简单输入域主要包括以下几个。

（1）密码框（type 属性为"password"的 <input> 标签），样例代码与效果如下。

```
<input type= "password" name="pwd" maxlength="30"/>
```

```
••••
```

（2）单选按钮（type 属性为"radio"的 <input> 标签），样例代码与效果如下。

```
<input type="radio" name="role" value="教师" checked/>教师
<input type="radio" name="role" value="学生"/>学生
```

◉教师　○学生

（3）隐藏域（type 属性为"hidden"的 <input> 标签），样例代码与效果如下。

```
<input type= "hidden"　name="hiddeninfo"　value= "不显示的内容"/>
```

（隐藏域在浏览器端不可见，除非查看 HTML 源代码）

（4）提交按钮（type 属性为"submit"的 <input> 标签），样例代码与效果如下。

```
<input type= "submit"　name= "submit"　value="注册"/>
```

注册

（5）重置按钮（type 属性为"reset"的 <input> 标签），样例代码与效果如下。

```
<input type= "reset"　name= "reset"　value= "重置"/>
```

重置

（6）选择框（<select> 标签与 <option> 标签），样例代码与效果如下。

```
<select name= "education" size= "1">
<option value= "初中"/>初中
<option value= "高中"/>高中
<option value= "大学" selected/>大学
</select>
```

（7）多行文本区（<textArea> 标签），样例代码与效果如下。

```
<textArea rows="4" cols="25" name="bz">备注</textArea>
```

3.4.2　request 对象获取其他简单输入域数据的方法

用 request 对象获取表单中简单输入域数据的方法与获取单行文本框数据的方法相同，即使用 request 对象的 getParameter 方法。

下面通过例程 3-4 介绍 request 对象使用 getParameter 方法获取其他简单输入域数据的方法。例程 3-4 包含两个 JSP 文件：example3_4.jsp 和 example3_4A.jsp。其中 example3_4.jsp 定义了一个表单，表单中包括一些简单输入域，example3_4A.jsp 文件用 request 对象获取 example3_4.jsp 传递过来的简单输入域数据。

例程 3-4 的具体代码如下：

```
example3_4.jsp（例程3-4）
<%@ page language="java" contentType="text/html; charset=UTF-8"
    pageEncoding="UTF-8"%><!DOCTYPE html>
<html><head><meta charset="UTF-8"><title>账号注册</title></head>
<body><font size="5"><center>请填写以下注册信息<br><hr color="blue"/>
<form action="example3_4A.jsp" method="post"><table>
<tr><td width="150">请输入账号:</td><td width="400">
<input type="text" name="userid" width="150"/></td></tr>
<tr><td>请输入密码:</td><td>
<input type="password" name="password1" width="150"/></td></tr>
<tr><td>请重输密码:</td>
<td><input type="password" name="password2" width="150"/></td></tr>
<tr><td>请选择角色:</td><td>
```

```
<input type="radio" name="role" value="教师" checked/>教师  
<input type="radio" name="role" value="学生"/>学生</td></tr>
<tr><td>受教育程度:</td><td>
<select name="education" size="1">
<option value="初中"/>初中
<option value="高中"/>高中
<option value="大学"/ selected>大学
</select></td></tr>
<tr><td>备注:</td><td>
<textarea rows="5" cols="20" name="bz">备注</textarea></td></tr><tr><td>
<input type= "hidden"  name="hiddeninfo"  value= "不显示的内容"/></td>
<td><input type= "reset"  name= "reset"  value="重置"/>
<input type= "submit"  name= "submit"  value="注册"/></td></tr>
</table></form></center></font></body></html>
```

---

example3_4A.jsp（例程3-4）

```
<%@ page language="java" contentType="text/html; charset=UTF-8"
     pageEncoding="UTF-8"%><!DOCTYPE html><html>
<head><meta charset="UTF-8"><title>注册信息处理页面</title></head>
<body><%
request.setCharacterEncoding("utf-8");
String userid =request.getParameter("userid");//获得表单提交的数据
String pwd1 = request.getParameter("password1");
String pwd2 = request.getParameter("password2");
String role = request.getParameter("role");
String edu = request.getParameter("education");
String bz = request.getParameter("bz");
String hiddenInfo = request.getParameter("hiddeninfo");
String submitTitle = request.getParameter("submit");
%><hr>
用户账号为：<%=userid %><br>
用户密码为：<%=pwd1 %><br>
用户角色为：<%=role %><br>
教育程度为：<%=edu %><br>
备注信息为：<%=bz %><br>
隐藏信息为：<%=hiddenInfo %><br>
按钮标题为：<%=submitTitle %><br>
<hr></body></html>
```

访问 example3_4.jsp 的效果如图 3-8 左边所示，输入相应数据后，单击【注册】按钮，浏览器将显示如图 3-8 右边所示的内容。

图 3-8

例程 3-4 中 request 对象获取请求中携带的简单输入域数据的机制与方法如图 3-9 所示。

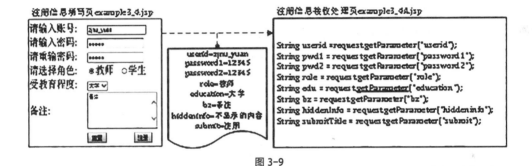

图 3-9

3.5　request 对象获取复选框数据

本节讲解使用 request 对象获取复选框数据的方法，并通过例程 3-5 进行举例。

复选框（checkbox）是表单中常用的数据输入域。多个复选框没有互斥关系，即允许有多个复选框被同时选中，因此提交给服务器的复选框数据由多个字符串组成，即字符串数组。因此，需要使用 request 对象的如下方法来获得客户端提交的复选框数据：

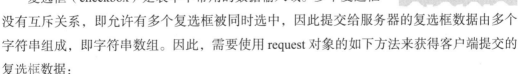

String[] getParameterValues(复选框名称);

下面通过例程 3-5 讲解使用 request 对象获取复选框数据的方法。例程 3-5 包含两个 JSP 文件：example3_5.jsp 和 example3_5A.jsp。在 example3_5.jsp 文件中定义了一个表单，表单中包括了一些复选框，example3_5A.jsp 文件用 request 对象获取 example3_5.jsp 传递过来的复选框数据。

例程 3-5 的具体代码如下：

example3_5.jsp（例程3-5）

```jsp
<%@ page language="java" contentType="text/html; charset=UTF-8"
    pageEncoding="UTF-8"%><!DOCTYPE html><html>
<head><title>补课时间统计</title></head><body><center>补课时间统计
<br><hr><form action="example3_5A.jsp" method="get">
请输入你的姓名：<input type="text" name="sname" width="100"/>
  请选择有空的时段：
<input type="checkbox" name="freetime" value="1"/>星期一晚上  
<input type="checkbox" name="freetime" value="2"/>星期二晚上  
<input type="checkbox" name="freetime" value="3"/>星期三晚上  
<input type="checkbox" name="freetime" value="4"/>星期四晚上  
<input type="checkbox" name="freetime" value="5" checked/>星期五晚上<br>
<hr><input type="submit" name="submit" value="提交"/>
</form></center></body></html>
```

example3_5A.jsp（例程3-5）

```jsp
<%@ page language="java" contentType="text/html; charset=UTF-8"
    pageEncoding="UTF-8"%><!DOCTYPE html>
<%!
    int count=0;   String[] nameList = new String[100];
    int[][] timedata = new int[100][5];
%><html><head><meta charset="UTF-8"><title>补课时间统计</title></head>
<body><center><font color="blue" size="4">
<%
request.setCharacterEncoding("UTF-8");
String sname = request.getParameter("sname");
String[] freetime = request.getParameterValues("freetime");
if(sname==null || freetime==null){
  out.write("<script language='javascript'>alert('非法访问！')</script>");
  return;
}
if(count>=100){
  out.write("<script language='javascript'>alert('数据库已满！');</script>");
  return;
}
sname = sname.trim();
if(sname.equals("")){
  out.write("<script language='javascript'>alert('姓名不能为空！');</script>");
  return;
```

```
}
int pos=count;
for(int i=0;i<count;i++){   if(nameList[i].equals(sname)){pos=i; break;}   }
nameList[pos]=sname; for(int i=0;i<5;i++) timedata[pos][i]=0;
for(int i=0;i<freetime.length;i++){
    int n = Integer.parseInt(freetime[i]); timedata[pos][n-1]=1;
}
if(pos==count)    count++;   int[] result=new int[5];
out.write("全班同学空余时段情况<br><hr color='blue'><table><tr>");
out.write("<th width='200'>姓名</th>");
out.write("<th width='150'>星期一晚上</th>");
out.write("<th width='150'>星期二晚上</th>");
out.write("<th width='150'>星期三晚上</th>");
out.write("<th width='150'>星期四晚上</th>");
out.write("<th width='150'>星期五晚上</th></tr>");
for(int i=0;i<count;i++){
    out.write("<tr><td align='center'>"+nameList[i]+"</td>");
    for(int j=0;j<5;j++){
        result[j]=result[j]+timedata[i][j];
        if(timedata[i][j]==0){out.write("<td align='center'></td>");}
        else{    out.write("<td align='center'>有空</td>");    }
    }
    out.write("</tr>");
}
out.write("</table>");
out.write("<hr color='blue'><br>统计结果<br><table>");
out.write("<tr><th width='200'>总人数</hd>");
out.write("<th width='150'>星期一晚上</th>");
out.write("<th width='150'>星期二晚上</th>");
out.write("<th width='150'>星期三晚上</th>");
out.write("<th width='150'>星期四晚上</th>");
out.write("<th width='150'>星期五晚上</th></tr>");
out.write("<tr><td align='center'>"+count+"</td>");
out.write("<td align='center'>"+result[0]+"</td>");
out.write("<td align='center'>"+result[1]+"</td>");
out.write("<td align='center'>"+result[2]+"</td>");
out.write("<td align='center'>"+result[3]+"</td>");
out.write("<td align='center'>"+result[4]+"</td></tr></table>");
%><br><a href="example3_5.jsp">重新填报</a></font></center>
```

```
</body></html>
```

访问 example3_5.jsp 的效果如图 3-10 所示，输入姓名并勾选相应的复选框后，单击【提交】按钮，浏览器将显示如图 3-11 所示的内容（张三也提交了相应的数据）。

补课时间统计						
请输入你的姓名：袁利永		请选择有空的时段：	□星期一晚上	☑星期二晚上	□星期三晚上	□星期四晚上 ☑星期五晚上

图 3-10

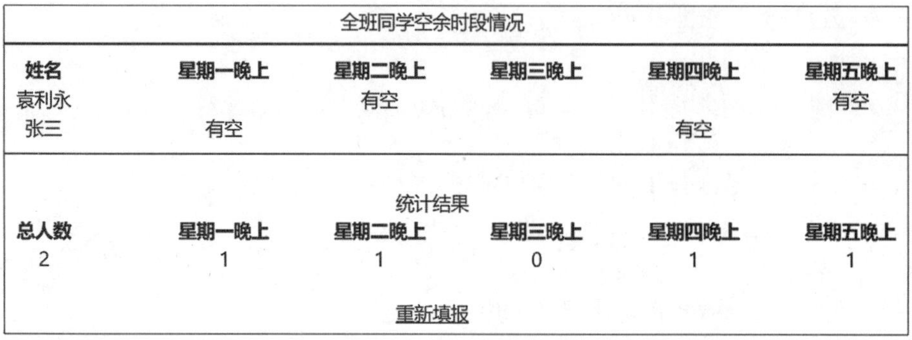

全班同学空余时段情况					
姓名	星期一晚上	星期二晚上	星期三晚上	星期四晚上	星期五晚上
袁利永		有空			有空
张三	有空			有空	
统计结果					
总人数	星期一晚上	星期二晚上	星期三晚上	星期四晚上	星期五晚上
2	1	1	0	1	1
重新填报					

图 3-11

例程 3-5 中 request 对象获取请求中携带的复选框数据的方法与机制如图 3-12 所示。

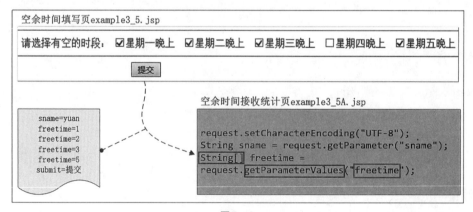

图 3-12

3.6 request 对象获取动作标记参数

本节讲解动作标记参数的设置和使用 request 对象获取动作标记参数的方法，并通过例程 3-6 进行举例。

在第 2 章中曾提到，<jsp:include> 动作标记和 <jsp:forward> 动作标记可以使用 <jsp:param> 标记来携带参数。下面通过例程 3-6 以 include 动作标记为例讲解为动作标记设置参数以及使用 request 对象获取相关参数的方法。

例程 3-6 包含 4 个 JSP 文件：example3_6.jsp、example3_6A.jsp、example3_6B.jsp 和 example 3_6C.jsp。example3_6.jsp 使用 <jsp:include> 标记来实现动态包括，并在 <jsp:include> 标记中使用 <jsp:param> 标记定义了若干参数，具体代码如下：

```
example3_6.jsp（例程3-6）
<%@ page language="java" contentType="text/html; charset=UTF-8"
    pageEncoding="UTF-8"%><!DOCTYPE html><html>
<head><meta charset="UTF-8"><title>include参数传递页</title></head>
<body>
<jsp:include page="example3_6A.jsp">
<jsp:param value="Yuan Li-yong" name="name"/>
<jsp:param value="programming" name="interest"/>
<jsp:param value="computer game" name="interest"/>
<jsp:param value="football" name="interest"/>
</jsp:include>
</body></html>
```

example3_6A.jsp 使用 request 对象获取 example3_6.jsp 传递过来的 include 动作标记参数，其中单值参数的获取使用 getParameter 方法，数组型参数的获取使用 getParameterValues 方法，具体代码如下：

```
example3_6A.jsp（例程3-6）
<%@ page language="java" contentType="text/html; charset=UTF-8"
    pageEncoding="UTF-8"%><!DOCTYPE html>
<html><head><meta charset="UTF-8"><title>Insert title here</title></head>
<body><%
    String sname = request.getParameter("name");
    String[] ah = request.getParameterValues("interest");
    out.write("hello: "+sname+"<br>");
    out.write("I know your interest are: <br>");
    for(int i=0;i<ah.length;i++){out.write((i+1)+" "+ah[i]+"<br>");}
%></body></html>
```

访问 example3_6.jsp 的效果如图 3-13 所示，其内容是 example3_6A.jsp 的输出结果，即 example3_6A.jsp 成功获取了 example3_6.jsp 中的动作标记中定义的参数。

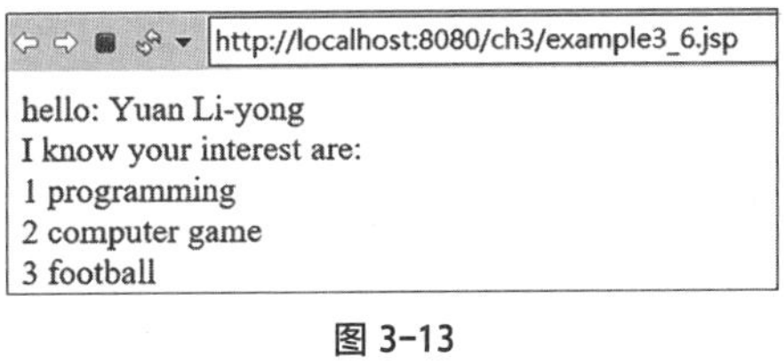

图 3-13

例程 3-6 中 request 对象获取请求中动作标记参数的方法与机制如图 3-14 所示。

```
<jsp:include page="example3_6A.jsp">
<jsp:param value="Yuan Li-yong" name="name"/>
<jsp:param value="programming" name="interest"/>
<jsp:param value="computer game" name="interest"/>
<jsp:param value="football" name="interest"/>
</jsp:include>


String sname = request.getParameter("name");
String[] ah = request.getParameterValues("interest");
```

图 3-14

注意：当动作标记参数值包含中文字符时，使用动作标记的文件需用相关语句设置正确的编码格式，否则会出现中文乱码问题。在 example3_6B.jsp 中如果没有加入下面加框部分的代码，则 example3_6A.jsp 输出的内容可能会出现中文乱码。

example3_6B.jsp（例程3-6）
<%@ page language="java" contentType="text/html; charset=UTF-8" pageEncoding="UTF-8"%><!DOCTYPE html><html> <head><meta charset="UTF-8"><title>include参数传递页</title></head>
<% request.setCharacterEncoding("utf-8"); %>　　<!—不加时会出现中文乱码-->
<body><jsp:include page="example3_6A.jsp"> <jsp:param value="袁利永" name="name"/> <jsp:param value="编程" name="interest"/> <jsp:param value="游戏" name="interest"/> <jsp:param value="足球" name="interest"/> </jsp:include></body></html>

动作标记的参数除了可以用常量外，也可以使用 Java 表达式。example3_6C.jsp 使用了 Java 表达式作为动作标记的参数（加框部分代码）。

example3_6C.jsp（例程3-6）
<%@ page language="java" contentType="text/html; charset=UTF-8" pageEncoding="UTF-8"%><!DOCTYPE html><html> <head><meta charset="UTF-8"><title>include参数传递页</title></head> <% request.setCharacterEncoding("utf-8"); String name = "Yuan Li-yong";　　String[] ah= new String[3]; ah[0]="Programming"; ah[1]="football"; ah[2]="computer game"; %><body> <jsp:include page="example3_6A.jsp">
<jsp:param value="<%=name %>" name="name"/>

```
<jsp:param value="<%=ah[0] %>" name="interest"/>
<jsp:param value="<%=ah[1] %>" name="interest"/>
<jsp:param value="<%=ah[2] %>" name="interest"/>
```

```
</jsp:include></body></html>
```

3.7 request 对象实现页面数据传递

本节讲解使用 request 对象实现页面数据传递的原理及方法，并通过例程 3-7 进行举例。

当原页面使用 include 和 forward 动作标记时，原页面和目标页面属于同一个请求（request），目标页面可以继续读取客户端发送给原页面的参数以及动作标记新携带的参数。另外，request 对象其实是一个容器对象，可以采用以下两个方法往里面存入数据或从里面读取数据来实现同一请求多个页面之间的数据传递。

```
void setAttribute(String name, Object obj)
Object getAttribute(String name)
```

其中 setAttribute 方法用于将指定对象 obj 以参数名"name"存入 request 对象，getAttribute 方法用于从 request 对象中获取参数名为"name"的对象，其返回类型是 Object，因此用户在使用获取的对象前需要将它强制转换为指定类型。不同于动作标记只能传递字符串，request 可以传递任何类型的数据。

下面通过例程 3-7 讲解使用 request 对象实现在同一请求的多个页面间传递数据的方法。例程 3-7 包含 4 个 JSP 文件：example3_7.jsp、example3_7A.jsp、example3_7B.jsp 和 example3_7C.jsp。example3_7.jsp 定义了一个用户登录表单，表单的提交目标为 example3_7A.jsp，具体代码如下：

example3_7.jsp（例程 3-7）

```
<%@ page language="java" contentType="text/html; charset=UTF-8"
    pageEncoding="UTF-8"%><!DOCTYPE html>
<html><head><meta charset="UTF-8"><title>用户登录</title></head>
<body><font size="5"><center><hr color="blue"/>
<form action="example3_7A.jsp" method="post">
<table><tr><td width="150">请输入账号:</td><td width="400">
<input type="text" name="userid" width="150"/></td></tr>
<tr><td>请输入密码:</td><td>
<input type="password" name="password" width="150"/></td></tr>
<tr><td>请选择角色:</td><td>
<input type="radio" name="role" value="教师" checked/>教师  
<input type="radio" name="role" value="学生"/>学生</td></tr>
```

```
<td><input type= "reset"  name= "reset"  value="重置"/></td>
<td><input type= "submit"  name= "submit"  value="登录"/></td>
</tr></table></form><hr color="blue"></center></font></body></html>
```

example3_7A.jsp 使用 include 动作标记动态包含了 example3_7B.jsp，如果从 request 对象中获取的参数名为"loginstate"的值为 true（说明通过了 example3_7B.jsp 的身份验证），则使用 forward 动作标记转向 example3_7C.jsp，具体代码如下：

example3_7A.jsp（例程 3-7）

```
<%@ page language="java" contentType="text/html; charset=UTF-8"
    pageEncoding="UTF-8"%><!DOCTYPE html>
<html><head><meta charset="UTF-8"><title>Insert title here</title></head>
<% request.setCharacterEncoding("utf-8"); %>
<body><jsp:include page="example3_7B.jsp"/>
<%        //从request对象中获取参数名为"islogin"的对象
          boolean loginstate =(boolean)request.getAttribute("islogin");
          if(loginstate){
%>                <jsp:forward page="example3_7C.jsp"/>
<%        }
          String userid = request.getParameter("userid");
%>
用户<font color="red"><%=userid %></font>的密码不正确！<br>
<a href="example3_7.jsp">用户登录</a></body></html>
```

example3_7B.jsp 根据 request 对象中携带的表单数据进行身份验证，并把身份验证结果（true 代码通过验证）以参数名"islogin"存入 request 对象，具体代码如下：

example3_7B.jsp（例程 3-7）

```
<%@ page language="java" contentType="text/html; charset=UTF-8"
    pageEncoding="UTF-8"%>
<%!   String[][] userList = new String[10][2]; %>
<% //模拟数据库中存放的用户账号与密码
for(int i=0;i<10;i++){userList[i][0]="user"+(i+1);userList[i][1]="pwd"+(i+1);}
String userid = request.getParameter("userid"); //获取表单参数
String pwd = request.getParameter("password");
String role = request.getParameter("role");
boolean state=false;
if(userid==null || pwd==null || role==null){ //检查读取的参数是否有效
    request.setAttribute("islogin", state); return;
    //将state以"islogin"为名存入request
```

```
    }
    //与模拟数据库的用户信息进行比较，查看是否存在匹配的用户信息
    for(int i=0;i<10;i++){
        if(userList[i][0].equals(userid) && userList[i][1].equals(pwd)){
            state=true; break;
        }
    }
    request.setAttribute("islogin", state); //将state以islogin为名存入request对象
%>
```

example3_7C.jsp 判断 request 对象中名为"islogin"的参数值是否 true，若为 true，则读取 request 对象中保存的用户信息，否则显示登录页面（example3_7.jsp）的超链接，具体代码如下：

```
example3_7C.jsp（例程 3-7）
<%@ page language="java" contentType="text/html; charset=UTF-8"
    pageEncoding="UTF-8"%><!DOCTYPE html>
<html><head><meta charset="UTF-8"><title>欢迎使用</title></head><body>
<%    if(request.getAttribute("islogin")==null){    %>
        <a href="example3_7.jsp">用户登录</a>
<%        return;
    }
    String userid = request.getParameter("userid");
    String role = request.getParameter("role");
%>
用户<font color="red"><%=userid %></font>您好！欢迎使用本系统。
您的系统角色为<font color="blue"><%=role %></font></body></html>
```

例程 3-7 的具体功能和运行效果请详见本节微课教学视频。

图 3-15 描述了例程 3-7 中 request 对象的生命周期以及使用 request 对象在同一请求的不同页面之间传递数据的原理。

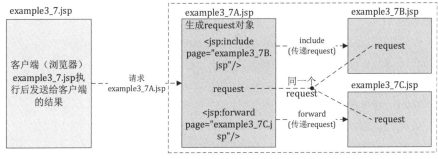

图 3-15

3.8 request 对象其他常用方法

本节讲解 request 对象其他常用方法的使用，并通过例程 3-8 进行举例。

3.8.1 request 对象其他常用方法介绍

除前面几节所讲 request 对象的方法外，request 对象还有以下常用方法：

（1）getProtocol()，获取用户请求服务时所用协议的版本，如 http/1.1。

（2）getScheme()，获取用户请求服务时所用的协议，如 http。

（3）getServerName()，获取服务器的名称（或 IP 地址）。

（4）getServerPort()，获取服务器的端口。

（5）getContextPath()，获取用户请求的 Web 应用程序虚拟目录。

（6）getServletPath()，获取用户请求资源的路径（如 JSP 文件路径）。

（7）getRemoteAddr()，获取远程客户端的 IP 地址。

（8）getRemotePort()，获取远程客户端的端口。

（9）getRemoteHost()，获取用户计算机的名称（若无，则取 IP 地址）。

3.8.2 request 对象其他常用方法应用举例

下面通过例程 3-8 讲解 request 对象其他常用方法的使用。例程 3-8 包含两个 JSP 文件：example3_8.jsp 和 example3_8B.jsp。example3_8.jsp 使用 request 对象的相关方法获取相应的信息，其运行效果如图 3-16 所示。

```
example3_8.jsp（例程 3-8）
<%@ page language="java" contentType="text/html; charset=UTF-8"
    pageEncoding="UTF-8"%><!DOCTYPE html>
<html><head><meta charset="UTF-8"><title>Insert title here</title></head>
<body>
协议的版本:<%=request.getProtocol() %><br>
所用的协议:<%=request.getScheme() %><br>
服务器名称:<%=request.getServerName() %><br>
服务器端口:<%=request.getServerPort() %><br>
请求的应用:<%=request.getContextPath() %><br>
请求的资源:<%=request.getServletPath() %><br>
客户端地址:<%=request.getRemoteAddr() %><br>
客户端端口:<%=request.getRemotePort() %><br>
客户端名称:<%=request.getRemoteHost() %><br>
<a href="example3_8B.jsp">example3_8B.jsp</a></body></html>
```

```
协议的版本:HTTP/1.1
所用的协议:http
服务器名称:localhost
服务器端口:8080
请求的应用:/ch3
请求的资源:/example3_8.jsp
客户端地址:0:0:0:0:0:0:0:1
客户端端口:14091
客户端名称:0:0:0:0:0:0:0:1
example3_8B.jsp
```

图 3-16

上述方法在实现一些特殊功能时非常有用，如实现 Web 应用绝对 URL 的获取。有时需要把某个资源的绝对 URL 发送给客户端，如图 3-17 所示的代码需要用到 example3_8.jsp 的绝对 URL，以便实现自动跳转。

```
String url = "http://localhost:8080/ch3/example3_8.jsp";%>
<!-- 设置HTTP文档的"refresh"响应头，使当前网页显示2秒后自动跳转到url指定的文档 -->
<meta HTTP-EQUIV="Refresh" Content="2;url=<%=url%>">
```

图 3-17

然而，当 Web 应用程序被部署到实际工作服务器上时，其绝对 URL 可能会改变，从而导致程序出错。动态获取 Web 应用绝对 URL 的方法如图 3-18 所示。

```
String docBase = request.getScheme()+"://"+request.getServerName();
docBase += ":"+request.getServerPort()+request.getContextPath()+"/";
String url = docBase + "example3_8.jsp";  //docBase保存应用程序的绝对URL
```

图 3-18

另外，request 对象的 getHeader 方法可以获取 HTTP 消息头。常用的 HTTP 消息头如表 3-2 所示。

表 3-2

HTTP 消息头	消息头的含义
referer	当前请求的发起者
user-agent	发起当前请求的浏览器与操作系统的有关信息
cookie	当前请求中的 cookie 信息

example3_8B.jsp 使用 request 对象的 getHeader 方法获取相应的信息。

example3_8B.jsp（例程 3-8）

```
<%@ page language="java" contentType="text/html; charset=UTF-8"
    pageEncoding="UTF-8"%><!DOCTYPE html><html>
<head><meta charset="UTF-8"><title>Insert title here</title></head>
<body>
当前请求的发起者：<%=request.getHeader("referer") %><br>
浏览器与操作系统：<%=request.getHeader("user-agent") %><br>
cookie信息：<%=request.getHeader("cookie") %><br>
</body></html>
```

当用户通过 example3_8.jsp 中的超链接访问 example3_8B.jsp 时，浏览器会显示如图 3-19 所示的内容（第 2 行和第 3 行会根据实际情况显示）。

```
http://localhost:8080/ch3/example3_8B.jsp

当前请求的发起者：http://localhost:8080/ch3/example3_8.jsp
浏览器与操作系统：Mozilla/5.0 (Windows NT 6.2; Win64; x64; Trident/7.0; rv:11.0) like Gecko
cookie信息：JSESSIONID=EFF1964606E8C156F6E80653882AC407
```

图 3-19

3.9 response 对象的基本使用

本节讲解 response 的常用方法及其基本使用，并通过例程 3-9 进行举例。

3.9.1 response 对象概述

request 对象代表客户端的请求，response 对象代表服务器对客户端的响应。response 主要用于对客户端的请求做出动态响应，它封装了动态设置页面属性、发送响应头、请求重定向等方法，常用方法如下：

（1）void sendRedirect()，用于将客户端重定向到指定页面。

（2）PrintWriter getWriter()，用于获取指向客户端的输出字符流。

（3）String encodeRedirectURL(String url)，用于对 URL 进行编码。

（4）String encodeURL(String url)，用于对 URL 进行编码。

（5）void setContentType(String type)，用于设置 MIME 类型。

（6）void setStatus(int status)，用于设置响应状态码。

（7）void addCookie(Cookie cookie)，给客户端添加一个 Cookie 对象。

response 对象的应用场景主要包括以下几种：

（1）用于动态设置页面属性。

（2）用于动态地向客户端发送响应头。

（3）用于向客户端发送响应状态码。

（4）用于动态实现客户端请求的重定向。

（5）用于获得指向客户端的输出流对象（在 Servlet 类中需要用到）。

3.9.2 动态设置 contentType 属性

page 指令的 contentType 属性用于静态地指定 JSP 页面执行结果的输出类型。要想动态地改变 JSP 页面执行结果的输出类型 contentType，可使用 response 对象的如下方法：setContentType(String contentType)。

参数 contentType 的取值可以是 text/html、application/msword 等。

当用 setContentType 方法动态地改变 contentType 时，JSP 引擎就会按照指定的 MIME 类型将 JSP 页面的执行结果发送给客户端。例程 3-9 中 example3_9.jsp 使用 response 对象的 setContentType 方法动态地改变输出到客户端的数据类型，具体代码如下：

```
example3_9.jsp（例程 3-9）
<%@ page contentType="text/html;charset=utf-8" %>
<HTML><body bgcolor=cyan><font size=3>
<p>我正在学习response对象的setContentType方法</p>
<form action="" method="post">
```

```
<input type="submit" value="yes" name="submit">
</form><% String str=request.getParameter("submit");
if(str==null) str="";
if(str.equals("yes")) {
    response.setContentType("application/msword;charset=utf-8");
}
%> </font></body></HTML>
```

注意：在 example3_9.jsp 中，<form> 标签的 action 属性值为空，表示把表单数据提交给 example3_9.jsp 本身。

example3_9.jsp 初次运行的效果如图 3-20 左边所示，当用户单击【yes】按钮后，浏览器将显示图 3-20 右边所示的对话框，即 example3_9.jsp 的输出数据被动态地改为"application/msword;charset=utf-8"类型。

图 3-20

3.9.3 动态地向客户端发送响应头

服务器向客户端发送的 HTTP 响应中除 HTML 标签外还有一些响应头，表 3-3 列出了几个常用的 HTTP 响应头。

表 3-3

响应头	含义	举例
Refresh	自动刷新页面	Refresh: 5; url=http://www.zjnu.edu.cn
Cache-Control	页面缓存时长	Cache-Control:max-age=3600
Location	浏览器访问地址	Location: http://www.zjnu.edu.cn

response 对象动态添加或设置 HTTP 响应头的方法如下：

```
addHeader(String headerName, String value)
setHeader(String headerName, String value)
```

例程 3-9 中的 example3_9A.jsp 使用 response 对象的 setHeader 动态地设置"HTTP Refresh"响应头，从而在该页面实现自动延时跳转到 example3_9.jsp 的功能。

example3_9A.jsp（例程 3-9）
```
<%@ page language="java" contentType="text/html; charset=UTF-8"
    pageEncoding="UTF-8"%><!DOCTYPE html>
<%
```

```
String docBase = request.getScheme()+"://"+request.getServerName();
docBase += ":"+request.getServerPort()+request.getContextPath()+"/";
String url = docBase+"example3_9.jsp";
int n = (int)(Math.random()*4+2);    url = n+";"+url;
response.setHeader("refresh", url);
%>
<html><head><meta charset="UTF-8"><title>example3_9A.jsp文件
</title></head>
<body><center>这是example3_9A.jsp文件的执行结果<br>
<font color="red"><%=n %></font>秒后自动跳转到example3_9.jsp页面
</center></body></html>
```

example3_9A.jsp 的详细运行效果请参见本节微课教学视频。

3.10 response 对象实现请求重定向

本节讲解如何使用 response 对象实现请求重定向，并通过例程 3-10 进行举例，最后介绍 response 对象 sendRedirect 方法与 <jsp:forward> 动作标记的差异。

3.10.1 使用 sendRedirect 方法实现请求重定向

某些情况下，JSP 页面在处理用户请求时，需要将用户引导到另一个页面，即客户端请求的重定向。要实现这一功能可以使用 response 对象的如下方法：sendRedirect(String url)。

下面通过例程 3-10（登录处理）讲解如何使用 response 的 sendRedirect 方法实现客户端请求的重定向。例程 3-10 包括 4 个 JSP 页面，分别是登录输入页面 example3_10input.jsp、登录处理页面 example3_10login.jsp、登录成功页面 example3_10success.jsp 和登录错误页面 example3_10error.jsp。例程 3-10 各页面之间的关系及跳转条件如图 3-21 所示。

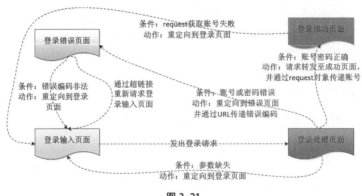

图 3-21

例程 3-10 的具体代码如下：

example3_10input.jsp（例程 3-10）

```
<%@ page language="java" contentType="text/html; charset=UTF-8"
    pageEncoding="UTF-8"%><!DOCTYPE html>
<html><head><meta charset="UTF-8"><title>用户登录</title></head>
<body><font size="5"><center><hr color="blue"/>
<form action="example3_10login.jsp" method="post"><table>
<tr><td width="150">请输入账号:</td><td width="400">
<input type="text" name="userid" width="150"/></td></tr>
<tr><td>请输入密码:</td><td>
<input type="password" name="password" width="150"/></td></tr>
<tr><td><input type= "reset"  name= "reset"  value="重置"/></td>
<td><input type= "submit"  name= "submit"  value="登录"/></td>
</tr></table></form>
<hr color="blue"></center></font></body></html>
```

example3_10login.jsp（例程 3-10）

```
<%@ page language="java" contentType="text/html; charset=UTF-8"
    pageEncoding="UTF-8"%>
<%!  // userInfo[i][0]和userInfo[i][1]用于存放第i个用户的账号与密码
String userInfo[][]=initUserInfo();
String[][] initUserInfo(){              //模拟从数据库中读取用户信息并返回
    String[][] temp = new String[10][2];
    for(int i=0;i<10;i++){temp[i][0]="user"+(i+1); temp[i][1]="pwd"+(i+1);}
    return temp;
}
%><%
request.setCharacterEncoding("utf-8");
String userid=request.getParameter("userid");
String pwd = request.getParameter("password");
if(userid==null || pwd==null){
    response.sendRedirect("example3_10input.jsp"); return;
}
int loginstate=0; //0表示账号不存在，1表示密码不正确，2表示登录成功
for(int i=0;i<10;i++){
    if(userInfo[i][0].equals(userid)){
        if(userInfo[i][1].equals(pwd)){loginstate = 2;}
        else{ loginstate = 1;  }
        break;
    }
```

```
}
if(loginstate!=2){
    response.sendRedirect("example3_10error.jsp?code="+loginstate); return;
}
request.setAttribute("userid", userid);
%><jsp:forward page="example3_10success.jsp" />
```

example3_10success.jsp（例程 3-10）

```
<%@ page language="java" contentType="text/html; charset=UTF-8"
    pageEncoding="UTF-8"%><!DOCTYPE html>
<html><head><meta charset="UTF-8"><title>登录成功</title></head>
<%   request.setCharacterEncoding("utf-8");
    String userid = (String)(request.getAttribute("userid"));
    if(userid==null){
        response.sendRedirect("example3_10input.jsp"); return;
    }
%><body><center>登录成功<br><hr color="blue">
用户<font color="red"><%=userid %></font>您好，欢迎使用本系统！<br>
</center></body></html>
```

example3_10error.jsp（例程 3-10）

```
<%@ page language="java" contentType="text/html; charset=UTF-8"
    pageEncoding="UTF-8"%><!DOCTYPE html>
<html><head><meta charset="UTF-8"><title>登录出错</title></head>
<%   request.setCharacterEncoding("utf-8");
    String code = request.getParameter("code");
    String msgInfo="";   if(code==null) code="";
    if(code.equals("0")){ msgInfo = "账号不存在！"; }
    else if(code.equals("1")){ msgInfo = "密码错误！";}
    else{
        response.sendRedirect("example3_10input.jsp"); return;
    }%><body><center>登录错误<br>
<hr color="blue">错误原因：<font color="red"><%=msgInfo %></font><br>
<a href="example3_10input.jsp">重新登录</a></center></body></html>
```

例程 3-10 的详细运行效果请参见本节微课教学视频。

3.10.2 请求重定向与请求转发的区别

使用 response 的 sendRedirect 方法实现请求重定向与使用 <jsp:forward> 动作标记实现请

求转发的差异如表 3-4 所示。

表 3-4

比较项	请求重定向	请求转发
实现的方法	使用 response.sendRedirect() 方法	使用 <jsp:forward> 动作标记
功能说明	请求重定向（模拟客户端行为）	请求转发（服务端内部行为）
浏览器地址	执行后，浏览器地址改变	执行后，浏览器地址不变
request 对象	执行前后，request 对象不同	执行前后，request 对象相同
目标资源	目标不能是 WEB-INF 中的文件	目标可以是 WEB-INF 中的文件

3.11　session 对象实现跨页面数据传递

本节介绍 session 对象及其常用方法，并通过例程 3-11 讲解利用 session 对象在不同请求之间实现跨页面数据传递的方法。

3.11.1　session 对象概述

正如前面所述，request 对象只能在同一请求的多个页面（如 forward 或 include 动作标记执行前后）之间传递数据，无法实现不同请求多个页面之间的数据传递，而 session 对象能够满足这一需求。

session 对象是 JSP 页面的内置对象，可在 JSP 页面中直接使用。当用户访问某个 Web 应用程序时，Web 服务器会为每个用户（不同浏览器算不同用户）创建一个 session 对象，用于标识某个用户的一次会话。不同的用户拥有不同的 session 对象，它们之间相互独立。

与 request 对象类似，session 对象也是一个容器对象，可以采用以下两个方法存取数据，其使用方法与 request 对象的同名方法相同。

```
void session.setAttribute(String name, Object o)
Object session.getAttribute(String name)
```

Web 应用程序中的所有页面都可以访问当前用户的 session 对象，因此通过把数据存入 session 对象，可以在不同请求的多个页面之间实现数据传递。

3.11.2　使用 session 对象实现访问权限控制

下面通过例程 3-11 讲解如何使用 session 对象实现访问权限控制。该例程有 5 个 JSP 页面，分别是登录输入页面 example3_11input.jsp、登录处理页面 example3_11login.jsp、登录成功页面 example3_11success.jsp、登录错误页面 example3_11error.jsp、访问受限页面 example3_11teacheronly.jsp。各页面之间的关系及跳转条件如图 3-22 所示。

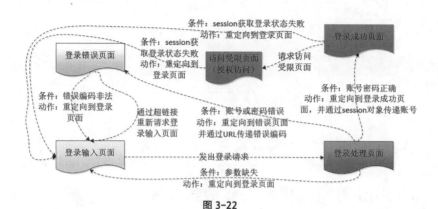

图 3-22

例程 3-11 的 example3_11input.jsp 和 exmaple3_11error.jsp 的代码与例程 3-10 的 example3_10input.jsp 和 exmaple3_10error.jsp 类似，这里不再赘述。例程 3-11 中其他页面的代码如下：

```
example3_11login.jsp（例程 3-11）
<%@ page language="java" contentType="text/html; charset=UTF-8"
        pageEncoding="UTF-8"%>
<%!        //userInfo[i][0]和userInfo[i][1]用于存放第i个用户的账号与密码
String userInfo[][]=initUserInfo();
String[][] initUserInfo(){                //模拟从数据库中读取用户信息并返回
    String[][] temp = new String[10][2];
    for(int i=0;i<10;i++){temp[i][0]="user"+(i+1); temp[i][1]="pwd"+(i+1);}
    return temp;
}
%><%
request.setCharacterEncoding("utf-8");
String userid=request.getParameter("userid");
String pwd = request.getParameter("password");
if(userid==null || pwd==null){
    response.sendRedirect("example3_11input.jsp"); return;
}
int loginstate=0; //0表示账号不存在，1表示密码不正确，2表示登录成功
for(int i=0;i<10;i++){
    if(userInfo[i][0].equals(userid)){
        if(userInfo[i][1].equals(pwd)){loginstate = 2;}
        else{ loginstate = 1;   }
        break;
    }
}
```

```
if(loginstate!=2){
    response.sendRedirect("example3_11error.jsp?code="+loginstate); return;
}
session.setAttribute("userid", userid);
session.setAttribute("role", role);
response.sendRedirect("example3_11success.jsp"); return;
%>
```

example3_11success.jsp（例程 3-11）

```
<%@ page language="java" contentType="text/html; charset=UTF-8"
    pageEncoding="UTF-8"%><!DOCTYPE html>
<html><head><meta charset="UTF-8"><title>系统主界面</title></head>
<%   request.setCharacterEncoding("utf-8");
    String userid = (String)(session.getAttribute("userid"));
    String role = (String)(session.getAttribute("role"));
    if(userid==null){
        response.sendRedirect("example3_10input.jsp"); return;
    }
%> <body><center>登录成功<br><hr color="blue">
用户<font color="red"><%=userid %></font>您好!您的用户角色为
<font color="red"><%=role %></font>,欢迎使用本系统！<br>
<a href="example3_11teacheronly.jsp">教师权限才能访问的页面</a>
</center></body></html>
```

example3_11teacheronly.jsp（例程 3-11）

```
<%@ page language="java" contentType="text/html; charset=UTF-8"
    pageEncoding="UTF-8"%><!DOCTYPE html>
<html><head><meta charset="UTF-8"><title>教师专用页面</title></head>
<%
request.setCharacterEncoding("utf-8");
String userid = (String)(session.getAttribute("userid"));
String role = (String)(session.getAttribute("role"));
if(userid==null || role==null){
    response.sendRedirect("example3_11input.jsp"); return;
}
if(!role.equals("teacher")){//当前登录用户不是教师，则让它返回前面的页面
    out.write("<script language='javascript'>");
    out.write("alert('当前页面只有教师才能访问！');");
    out.write("history.back();");   out.write("</script>");      return;
```

```
}
%><body><center>用户<font color="red"><%=userid %></font>您好，
您的用户角色为<font color="red"><%=role %></font>，欢迎使用本系统！<br>
<hr color="blue">
这里是example3_11teacheronley.jsp文件，这个页面只有已登录的教师才能访问
<br></center></body></html>
```

例程 3-11 的详细运行效果请参见本节微课教学视频。

3.12　session 对象的生命周期

本节讲解 session 对象的生命周期以及与生命周期有关的常用
方法，并通过例程 3-12 进行验证。

当某一用户访问 Web 应用系统时，服务器为该用户创建
session 对象，session 对象存储在服务器端。某次会话过程中通过
超链接打开的新页面属于同一次会话；只要当前会话的页面没有被全部关闭，重新打开的
浏览器窗口访问同一个 Web 应用程序资源时属于同一次会话。当本次会话的所有页面都关
闭后再重新访问某个 JSP 或者 servlet 时，Web 应用会为其创建新的会话。

会导致 session 对象失效的情况如下：

（1）当前用户的"发呆"（没有与服务器进行交流）时间超过指定的时间（由 web.xml
中 session 超时设置决定）时，当前用户的 session 对象才会失效。

（2）当 Web 应用程序被关闭或重新启动时，session 对象会失效。

（3）当程序调用 session 对象的 invalidate() 方法，session 对象也会失效。

设置 session 超时时间的方式有 3 种：

（1）在当前项目的 web.xml 文件（web.xml 是 Java Web 项目中一个重要的配置文件，
将在第 4 章中详细介绍它的功能）中进行设置，如下面的配置把 session 超时时间设置为 15
分钟。

```
<web-app>
    ...
    <session-config>
        <session-timeout>15 </session-timeout>
    </session-config>
    ...
</web-app>
```

（2）在 <Tomcat 安装目录 >/conf/web.xml 中的 session-config 中进行设置，如下面的配
置把 session 超时时间设置为 30 分钟。

```
<session-config>
    <session-timeout>30</session-timeout>
</session-config>
```

（3）使用 session 对象的 setMaxInactiveInterval 方法进行设置，如下面的代码把 session 超时时间设置为 60 秒。

```
session.setMaxInactiveInterval(60);   //单位为秒
```

与生命周期有关的 session 对象的其他常用方法如下：

（1）boolean isNew()，用于判断当前 session 对象是否是最新创建的。

（2）long getCreationTime()，用于获取当前 session 对象的创建时间。

（3）long getLastAccessedTime()，用于获取当前 session 对象的最近访问时间。

（4）void invalidate()，用于使当前 session 对象失效。

下面通过例程 3-12 介绍 session 对象上述方法的使用，具体代码如下：

example3_12.jsp（例程 3-12）

```
<%@page import="java.util.Date"%>
<%@page import="java.text.SimpleDateFormat"%>
<%@ page language="java" contentType="text/html; charset=UTF-8"
    pageEncoding="UTF-8"%><!DOCTYPE html>
<html><head><meta charset="UTF-8"><title>Insert title here</title></head>
<%!//该方法用于自1970年1月1日0点0分开始计数的秒数转化为相应的日期
String formatDateTime(long second){
    SimpleDateFormat sdf = new SimpleDateFormat("yyyy-MM-dd HH:mm:ss");
    Date thisTime = new Date(second); return sdf.format(thisTime);
}
%><body>
isNew:<%=session.isNew() %><br>
CreateTime:<%=formatDateTime(session.getCreationTime()) %><br>
LastAccessTime:<%=formatDateTime(session.getLastAccessedTime()) %><br>
Default MaxInactiveInterval:<%=session.getMaxInactiveInterval() %>
<% session.setMaxInactiveInterval(120); %>
MaxInactiveInterval:<%=session.getMaxInactiveInterval() %>
</body></html>
```

example3_12.jsp 第 1 次被访问时，isNew 方法返回值为 true，默认过期时长为 1800 秒，效果如图 3-23 所示。

```
← → ■ ↺ ▾   http://localhost:8080/ch3/example3_12.jsp
isNew:true
CreateTime:2021-11-18 21:23:48
LastAccessTime:2021-11-18 21:23:48
Default MaxInactiveInterval:1800 MaxInactiveInterval:120
```

图 3-23

example3_12.jsp 再次被访问时，isNew 方法返回值为 false，默认过期时长已经改为 120 秒，效果如图 3-24 所示。

```
← → ■ ↺ ▾   http://localhost:8080/ch3/example3_12.jsp
isNew:false
CreateTime:2021-11-18 21:23:48
LastAccessTime:2021-11-18 21:23:48
Default MaxInactiveInterval:120 MaxInactiveInterval:120
```

图 3-24

下面的代码使用 session 对象的 invalidate 方法实现注销功能（用于以 session 技术实现访问权限控制的 Web 应用，如例程 3-11）。

```
<%@ page language="java" contentType="text/html; charset=UTF-8"
    pageEncoding="UTF-8"%><!DOCTYPE html>
<html><head><meta charset="UTF-8"><title>注销</title></head>
<%session.invalidate();    //强制session失效%>
<body><center>当前账户注销成功,欢迎下次使用！<br>
<hr color="blue"><a href="example3_12login.jsp">重新登录</a>
</center></body></html>
```

上述代码的运行效果请参见本节微课教学视频。

3.13　session 技术状态保持原理

本节讲解 session 技术实现服务端状态保持的原理，包括基于 Cookie 的 session 对象状态保持技术以及不依赖 Cookie 技术使用 session 对象的方法，并通过例程 3-13 进行演示讲解。

3.13.1　基于 Cookie 的 session 对象状态保持

标准的 HTTP 协议是一种无状态协议。所谓无状态，是指 HTTP 协议对于事务处理没有记忆能力，即服务器并不保留前面请求的有关信息。这意味着如果后续请求的处理需要用到前面请求的有关信息，则后续请求必须把前面请求中的相关信息也提交给服务器。因此，无状态的 HTTP 协议不仅增加了每次连接所需提交的数据量，而且增加了 Web 应用系统开发的复杂度。

正如第 3 章第 11 节所述，session 技术是一种能够保持用户状态的技术，使用 session 技术使得服务器具有记忆用户状态的能力，如通过 session 对象中保存的某个属性判断用户是否已经登录。

服务器是怎么知道哪次访问对应哪个 session 呢？这要归功于浏览器支持的 Cookie 技术。Cookie 意为 "小型文本文件"，是 Web 应用为了辨别用户身份储存在客户端本地的数据，由浏览器保存在指定的位置。

在浏览器支持 Cookie 技术的情况下，Web 应用会把当前用户 session 对象的 sessionid 以 Cookie 形式缓存在本地，客户端每次访问该 Web 应用时，浏览器会把该 Web 应用对应的 sessionid 以 Cookie 形式携带给服务器，服务器根据如图 3-25 所示的方式找到服务器端指定的 session 对象，这样 Web 服务器就实现了对客户连接的状态保存。

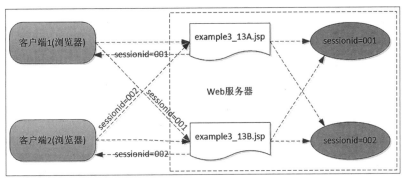

图 3-25

在 JSP 页面中获取 sessionid 的方法如下：String session.getId()。

下面通过例程 3-13 来演示该方法的使用，该例程同时用于观察同一个会话不同页面获取的 sessionid 是否相同。

```
example3_13A.jsp（例程3-13）
<%@ page language="java" contentType="text/html; charset=UTF-8"
    pageEncoding="UTF-8"%><!DOCTYPE html>
<html><head><meta charset="UTF-8"><title>Insert title here</title></head>
<body>当前session的ID是
<font color="red"><%=session.getId() %></font><br>
<%
String docBase =request.getScheme()+"://";
docBase +=request.getServerName()+":"+request.getServerPort();
docBase +=request.getContextPath()+"/";
String url = docBase + "example3_13B.jsp";
%><a href="<%=url %>">访问example3_13B.jsp</a></body></html>
```

```
example3_13B.jsp（例程3-13）
<%@ page language="java" contentType="text/html; charset=UTF-8"
    pageEncoding="UTF-8"%><!DOCTYPE html>
<html><head><meta charset="UTF-8"><title>Insert title here</title></head>
<body>当前session的ID是
<font color="red"><%=session.getId()%></font><br>
<%
String docBase =request.getScheme()+"://";
docBase +=request.getServerName()+":"+request.getServerPort();
docBase +=request.getContextPath()+"/";
String url = docBase + "example3_13A.jsp";
%><a href="<%=url %>">访问example3_13A.jsp</a></body></html>
```

访问 example3_13A.jsp 的效果如图 3-26 所示（读者实际运行例程 3-13 时显示的 sessionid 会与本书不同）。

图 3-26

单击图 3-26 中的"访问 example3_13B.jsp"超链接，浏览器将显示如图 3-27 所示的内容。可以看到，在同一次会话中，两个 JSP 页面显示的 sessionid 相同。

图 3-27

以 Chrome 浏览器为例，在地址栏中输入 chrome://settings/content，按图 3-28 所示的步骤可以查看指定 Web 应用存储在本地的 Cookie 信息。图 3-28 中显示了例程 3-13 存储在 Chrome 浏览器中的 sessionid 信息。

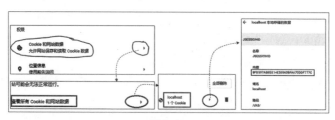

图 3-28

3.13.2　不依赖 Cookie 使用 session 对象

有些用户可能会禁用浏览器的 Cookie 功能，这会导致基于 Cookie 技术的 session 对象状态保持机制失败。以 Chrome 浏览器为例，可以通过图 3-29 所示操作禁用 Cookie。

图 3-29

再次运行例程 3-13，在切换两个页面时会发现它们显示的 sessionid 已不再相同，这是因为 Web 应用无法在浏览器端保存 sessionid，浏览器不再以 Cookie 形式携带 sessionid 到服务器端，服务端自然就没有办法为当前请求识别出正确的 session 对象。

如何在用户禁用 Cookie 的情况下继续使用 session 技术呢？可以通过调用 response 对象的下列方法对 URL 进行编码（使之包含 sessionid），具体方法如下：

```
encodeURL(String url)
encodeRedirectURL(String url)
```

为使用户在禁用 Cookie 的情况下可以继续使用 session，需要在例程 3-13 的两个文件的指定位置增加以下语句（加框部分的代码）。

```
String url = docBase + "example3_13B.jsp";
url = response.encodeUrl(url);
%>
<a href="<%=url %>">访问example3_13B.jsp</a>
```

例程 3-13 在禁用 Cookie 并根据上述代码进行修改后的运行效果请参见本节微课教学视频。

3.14　application 对象

本节讲解 application 对象及其常用方法，并通过例程 3-14 讲解使用 application 对象实现网站访问量计数功能的方法。

3.14.1　application 对象概述

正如前面 2 节所述，session 只能实现用户级数据共享。为了实现应用级数据共享，需要使用 application 对象。application 对象也是 JSP 页面的内置对象，可在 JSP 页面代码段中直接使用。

每个 Web 应用程序有且仅有一个 application 对象，不同应用程序的 application 对象相互独立。application 对象可以在该 Web 应用程序的任何页面中被任何用户访问，因此可以用它实现应用级数据共享。

application 对象随着服务器的开启而创建，随服务器的关闭而销毁。

3.14.2　application 对象常用方法

application 对象常用的方法如下：

（1）setAttribute 方法。

public void setAttribute(String key ,Object obj)

该方法可将对象 obj 以索引关键字 key 添加到 application 对象中。

（2）getAttribute 方法。

public Object getAttribute(String key)

该方法可获取 application 对象中关键字是 key 的对象。

（3）getAttributeNames 方法。

public Enumeration getAttributeNames()

该方法可获得一个枚举类型对象，该枚举类型对象包含所有存放在 application 对象中的数据。

（4）removeAttribute 方法。

public void removeAttribute(String key)

该方法用于从 application 对象中删除关键字是 key 的对象。

（5）getServletInfo 方法。

public String getServletInfo( )

该方法用于获取 Servlet 编译器的当前版本信息。

例程 3-14 使用 application 对象实现网站访问量计数功能（一次会话只会被记录为一次访问）。例程 3-14 包含 example3_14A.jsp 和 example3_14B.jsp 两个 JSP 文件，具体代码如下：

example3_14A.jsp（例程3-14）

```
<%@ page language="java" contentType="text/html; charset=UTF-8"
    pageEncoding="UTF-8"%><!DOCTYPE html>
<html><head><meta charset="UTF-8"><title>网站访问计数器</title></head>
<body><%
```
```
Integer c = (Integer)(application.getAttribute("count"));
if(c!=null){
```

```
        if(session.isNew()){    //说明是一次新的会话
            c++; application.setAttribute("count", c);
        }
    }
    else{
            c = 1; application.setAttribute("count", c);
    }
%>本系统已经被访问了<font color="red"><%=c.longValue() %>次</font>
<a href="example3_14B.jsp">访问example3_14B.jsp</a></body></html>
```

example3_14B.jsp（例程3-14）

```
<%@ page language="java" contentType="text/html; charset=UTF-8"
    pageEncoding="UTF-8"%><!DOCTYPE html>
<html><head><meta charset="UTF-8"><title>网站访问计数器</title></head>
<body><%
    Integer c = (Integer)(application.getAttribute("count"));
    if(c!=null){
        if(session.isNew()){    //说明是一次新的会话
            c++; application.setAttribute("count", c);
        }
    }
    else{
            c = 1; application.setAttribute("count", c);
    }
%>本系统已经被访问了<font color="red"><%=c.longValue() %>次</font>
<a href="example3_14A.jsp">访问example3_14A.jsp</a></body></html>
```

注意：因为 request 对象、session 对象和 application 对象中只能存放 Object 类的子类，因此为了存入整型变量，需要使用整型的封装类 Integer。关键代码如下：

```
Integer c = (Integer)(application.getAttribute("count"));
```

例程 3-14 的运行效果请参见本节微课教学视频。

3.15 application 对象实现留言板

本节通过例程 3-15 讲解使用 application 对象实现留言板功能的方法，介绍留言板的相关页面的设计思路和实现代码。

3.15.1　留言板系统分析

本节实现的留言板（例程 3-15）包括两个页面：留言输入页面 example3_14BBS_input. jsp 和留言显示页面 example3_14BBS_show.jsp。留言输入页面和留言显示页面的效果分别如图 3-30 和图 3-31 所示。

图 3-30

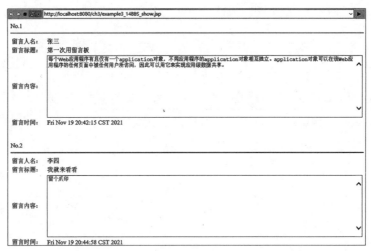

图 3-31

留言输入页面和留言显示页面的业务逻辑和相互之间的链接关系如图 3-32 所示。其中留言信息保存在 application 对象中，从而使得所有用户都能查看到所有留言信息。

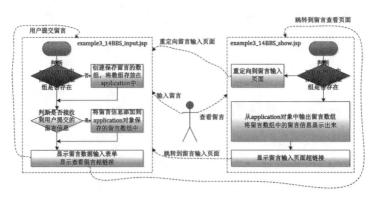

图 3-32

3.15.2 留言板系统的实现

留言板（例程 3-15）的具体代码如下：

```jsp
example3_14BBS_show.jsp（例程3-15）
<%@ page language="java" contentType="text/html; charset=UTF-8"
    pageEncoding="UTF-8"%>
<%@ page import="java.util.*" %>
<HTML><body><%
String[][] messages = (String[][])(application.getAttribute("messages"));
Integer msgCount =    (Integer)(application.getAttribute("msgCount"));
if(messages==null || msgCount==null){
   response.sendRedirect("example3_14BBS_input.jsp"); return;
}
for(int i=0;i<msgCount;i++){
%>No.<%=i+1 %><br><hr color="blue">
<table>
<tr><td width="100">留言人名：</td>
<td width="800"><font color="blue"><%=messages[i][0] %></font></td>
</tr><tr><td width="100">留言标题：</td>
<td width="800"><font color="blue"><%=messages[i][1] %></font></td>
</tr><tr><td width="100">留言内容：</td><td width="800">
<textArea rows ="10" cols="100"><%=messages[i][2] %></textArea></td>
</tr><tr><td width="100">留言时间：</td>
<td width="800"><font color="blue"><%=messages[i][3] %></font></td>
</tr></table><br><br><%
}
if(msgCount<=0){  out.print("<font color='red'>暂无留言</font>"); }
%>
<hr color="red"/><a href="example3_14BBS_input.jsp">去留言</a><br>
</body></HTML>
```

```jsp
example3_14BBS_input.jsp（例程3-15）
<%@page import="java.util.Date"%>
<%@ page language="java" contentType="text/html; charset=UTF-8"
    pageEncoding="UTF-8"%>
<HTML><head><title>留言</title></head><body bgcolor=cyan>
<%
if(application.getAttribute("messages")==null){
   //存放留言信息的数组，messages[i][0]存放留言人,messages[i][1]存放标题
```

```
        //messages[i][2]存放留言，messages[i][3]用于存放留言时间
        String[][] messages = new String[100][4];   int msgCount=0; //保存留言数量
        application.setAttribute("messages", messages);
        application.setAttribute("msgCount", msgCount);
    }
    request.setCharacterEncoding("UTF-8");   //获取相关表单数据
    String peopleName=request.getParameter("peopleName");
    String title =request.getParameter("title");
    String message =request.getParameter("message");
    if(peopleName!=null && title!=null && message!=null){
        //获取存放在application中的相关对象
        String[][] messages = (String[][])(application.getAttribute("messages"));
        Integer msgCount =   (Integer)(application.getAttribute("msgCount"));
        //修改相关对象
        messages[msgCount][0]=peopleName;   messages[msgCount][1]=title;
        messages[msgCount][2]=message;   Date thisTime = new Date();
        messages[msgCount][3]=thisTime.toString();   msgCount ++;
        //将相关对象重新存放到application中
        application.setAttribute("messages", messages);
        application.setAttribute("msgCount", msgCount);
        out.print("<font color='red'>留言成功！</font><br><hr>");
    }
%><!-- action为空时，表单数据发送给当前JSP页面 -->
<form action="" method="post"><table>
<tr><td width="100">输入名字：</td><td width="500">
<input   type="text" name="peopleName" width="10" maxlength="10"></td>
</tr><tr><td width="100">留言标题：</td><td width="500">
<input   type="text"   name="title" width="20" maxlength="20"></td></tr>
<tr><td width="100">留言内容：</td><td width="500">
<textArea name="message" rows="10" cols=100></textArea></td></tr>
<tr><td width="100"></td><td width="500" align="right">
<input type="submit" value="提交" name="submit"></td></tr>
</table></form>
<hr><center><a href="example3_14BBS_show.jsp">查看留言板</a></center>
</body></HTML>
```

例程 3-15 的设计细节与运行效果请参见本节微课教学视频。

3.16　各类对象的共享范围比较

本节讲解前面所学各类数据共享技术的特点与区别。

在前面所学的知识中，能实现数据共享的技术主要包括 JSP 页面成员变量、request 对象、session 对象、application 对象等，这些变量或对象的数据共享范围与特点如图 3-33 所示，

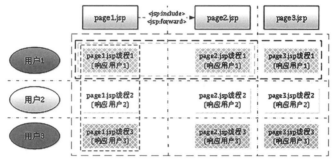

图 3-33

如图 3-33 所示，各类对象的数据共享范围描述如下：

（1）页面成员变量，在当前页面范围内实现不同用户的数据共享。

（2）request 对象，在当前用户范围内实现当前请求中不同页面间的数据共享。

（3）session 对象，在当前用户范围内实现所有页面之间的数据共享。

（4）application 对象，在所有用户范围内实现所有页面之间的数据共享。

在开发 Web 应用系统时，读者可根据需要选择合适的技术来实现数据共享。更多细节内容请参见本节微课教学视频。

3.17　章节练习

一、单选题

1. 在 JSP 中，下列（　　）语句可以获取页面请求中的一个单行文本框（name 属性为 title）的输入数据。

A. response.getParameter("title");　　　　B. request.getParameters("title");

C. request.getAttribute("title");　　　　D. request.getParameter("title");

2. request 对象的（　　）方法用于获取请求中的所有参数名。

A. getServletName　　　　　　　　B. getHeadNames

C. getParameterNames　　　　　　　D. getInitParameterNames

3. 要实现请求重定向可以使用（　　）。

A. <forward page= "login.jsp"/>　　　　B. <jsp:forward page= "login.jsp"/>

C. request.sendRedirect("login.jsp");   D. response.sendRedirect("login.jsp");

4. session 对象的（　　）方法用于设置会话的最长"发呆"时间。

A. session.setAttribute("time",30)   B. session.setMaxTime(30)

C. session.getMaxInactiveInterval()   D. session.setMaxInactiveInterval(30)

5. 在 JSP 中的 Java 代码段中输出数据时可以使用（　　）对象的 print() 方法。

A. application   B. session   C. page   D. out

6.（　　）对象是 JSP 中一个很重要的内部对象，可以使用它来保存某个特定客户端（访问者）一次会话的一些信息。

A. request   B. page   C. session   D. response

7. 不仅可以实现不同网页之间的数据共享，还可以实现跨用户共享数据的 JSP 内置对象是（　　）。

A. response 对象   B. session 对象   C. application 对象   D. request 对象

8. 如果只希望在当前用户范围内的多个页面间共享数据，可以使用（　　）和（　　）作用域。

A. request   session   B. application   session

C. request   application   D. pageContext   request

9. 用于发送大量数据的表单提交方式是（　　）。

A. get   B. post   C. put   D. options

10. 可以获取 session 对象中以 "userid" 为参数名存放的对象的语句是（　　）。

A. Object obj=session. getAttribute("userid");

B. Object obj=session. setAttribute("userid");

C. Object obj=request. getParameter("userid");

D. Object obj=request. getAttribute("userid");

二、简答题

1. forward 动作标记与 response 对象的 sendRedirect 有什么区别？

2. 从一个 JSP 页面向另一个 JSP 页面传递当前用户数据有哪几种方法？

三、编程题

1. 编写 2 个 JSP 页面——inputString.jsp 和 computeLen.jsp，将这 2 个 JSP 页面保存在同一个 Web 服务目录中。用户在 inputString.jsp 提供的简单文本框中输入一个字符串后提交给 computeLen.jsp，computeLen.jsp 显示该字符串的长度。

2. 编写 3 个 JSP 页面——main.jsp、circle.jsp 和 ladder.jsp，将这 3 个 JSP 页面保存在同一个 Web 服务目录中。circle.jsp 页面可以计算并显示圆的面积，ladder.jsp 页面可以计算并显示梯形的面积。main.jsp 使用 include 动作标记加载 circle.jsp 和 ladder.jsp 页面，并通过

param 标记提供圆的半径以及梯形的上底、下底和高的值。

3. 编写 3 个 JSP 页面——input.jsp、login.jsp 和 success.jsp，将这 3 个 JSP 页面保存在同一个 Web 服务目录中。input.jsp 提供登录输入表单，表单包括用于输入用户名、账号和验证码的输入域（验证码由服务器端随机生成）。login.jsp 对 input.jsp 提交的数据进行验证，如果输入的账号为"admin"，密码为"123456"，且提交的验证码与服务器生成的验证码相同，则跳转至 success.jsp 页面，否则跳转回 input.jsp 页面。success.jsp 显示登录账号与验证码信息，若用户在通过登录验证的情况下直接在浏览器输入 success.jsp 页面的访问地址，则跳转至 input.jsp 页面。

4. 编写 2 个 JSP 页面——inputyearandmonth.jsp 和 showcalendar.jsp，将这 2 个 JSP 页面保存在一个 Web 服务目录中。inputyearandmonth.jsp 提供一个表单让用户选择年份与月份，年份列表框中自动填充当前年份前 100 年至后 100 年的年份，并自动把当前年份设置为选中状态，月份列表框中自动填充 1 月至 12 月的月份并自动把当前月份设置为选中状态，效果如图 3-34 所示。

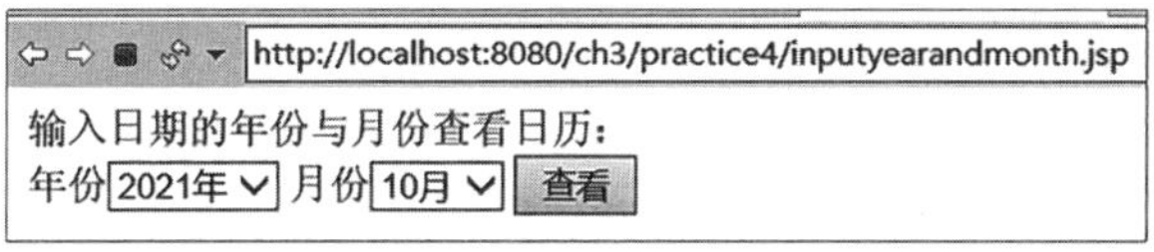

图 3-34

showcalendar.jsp 根据 inputyearandmonth.jsp 提交的年份与月份信息显示该年该月的日历信息，效果如图 3-35 所示。

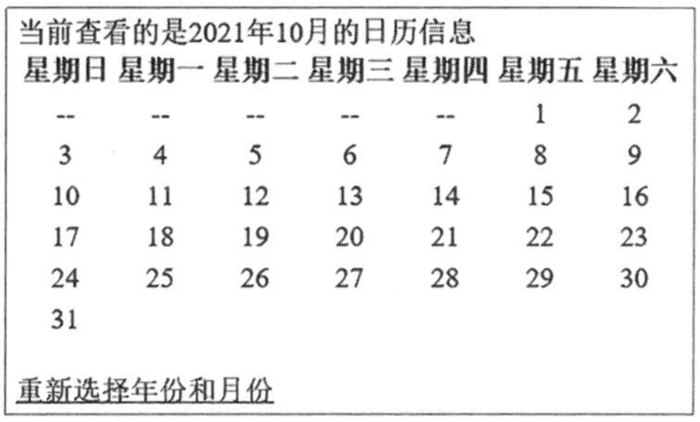

图 3-35

inputyearandmonth.jsp 的具体代码如下：

```
inputyearandmonth.jsp（练习3-4）
<%@page import="java.time.LocalDate"%>
<%@ page language="java" contentType="text/html; charset=UTF-8"
    pageEncoding="UTF-8"%><!DOCTYPE html><html>
<head><meta charset="UTF-8"><title>输入年份与月份</title></head>
<body><form action="showcalender.jsp" method="post">
```

```
输入日期的年份与月份查看日历：<br>年份<select name="year">
<%
LocalDate today=LocalDate.now();          //获得当前日期
int year=today.getYear();                 //获得当前日期的年份
int month=today.getMonthValue();          //获得当前日期的月份
for(int i=year-100;i<=year+100;i++){
  if(i!=year){
    out.write("<option value="+i+">"+i+"年</option>");
  }
  else{
    out.write("<option value="+i+" selected>"+i+"年</option>");
  }
}
%></select>月份<select name="month"><%
for(int i=1;i<=12;i++){
  if(i!=month){   out.write("<option value="+i+">"+i+"月</option>"); }
  else{ out.write("<option value="+i+" selected>"+i+"月</option>"); }
}
%></select><input type="submit" name="submit" value="查看"/>
</form></body></html>
```

showcalendar.jsp 的具体代码如下：

```
showcalendar.jsp（练习3-4）
<%@page import="java.time.LocalDate"%>
<%@ page language="java" contentType="text/html; charset=UTF-8"
    pageEncoding="UTF-8"%><!DOCTYPE html><html>
<head><meta charset="UTF-8"><title>显示日历</title></head>
<body>
<%
request.setCharacterEncoding("UTF-8");
String year=request.getParameter("year");
String month=request.getParameter("month");
if(year==null || month==null){
    response.sendRedirect("inputyearandmonth.jsp"); return;
}
int y=Integer.parseInt(year);
int m=Integer.parseInt(month);
LocalDate curMonth=LocalDate.of(y,m,1);
int dayCount = curMonth.lengthOfMonth();
```

```
int startWeekDay = curMonth.getDayOfWeek().getValue();
//上一行代码返回这个的第1天是星期几，星期日为0，星期六为6
String[] calender=new String[startWeekDay+dayCount];
for(int i=0;i<startWeekDay;i++){   calender[i]="--"; }   //开始日期前的空白
for(int i=startWeekDay;i<startWeekDay+dayCount;i++){
    calender[i]=String.valueOf(i-startWeekDay+1);
}
%>当前查看的是<%=y %>年<%=m %>月的日历信息<br>
<table><tr><th>星期日</th><th>星期一</th><th>星期二</th>
<th>星期三</th><th>星期四</th><th>星期五</th><th>星期六</th></tr>
<%
for(int i=0;i<startWeekDay+dayCount;i++){
  if(i%7==0)out.write("<tr>");
  out.write("<td align='center'>"+calender[i]+"</td>");
  if(i%7==6 || i==startWeekDay+dayCount-1) out.write("</tr>");
}
%></table><br><a href="inputyearandmonth.jsp">重新选择年份和月份</a>
</body></html>
```

第 4 章　JavaBean 基础

4.1　在 JSP 页面中使用自定义 Java 类

本节讲解在 JSP 页面中使用自定义 Java 类的方法，并通过例程 4-1 进行举例。

4.1.1　在 Web 应用程序中定义 Java 类

下面通过定义 UML 类图（见图 4-1）中的类来介绍在 Web 应用程序中定义 Java 类的方法。其中 User 表示用户类，描述了高校学生用户的相关属性和方法；UserBase 类表示用户库类，用于模拟用户数据库。

User	UserBase
userid:String pwd:String sname:String sex:String deptname:String profname:String grade:String loginstate: int	userList: String[][]
User() 上面属性的属性访问器 或属性修改器	UserBase() login(curUser:User)

图 4-1

在 Eclipse 主界面左侧的项目浏览器中找到指定项目 Java Resources 下的【src】节点，在【src】节点上右击，在弹出的菜单中执行【New】→【Class】命令来创建 Java 类，操作过程如图 4-2 所示。

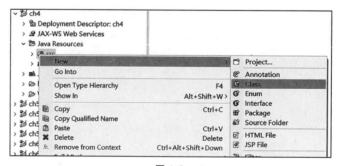

图 4-2

完成上述操作后，Eclipse 会显示如图 4-3 所示的 Java 类创建界面。

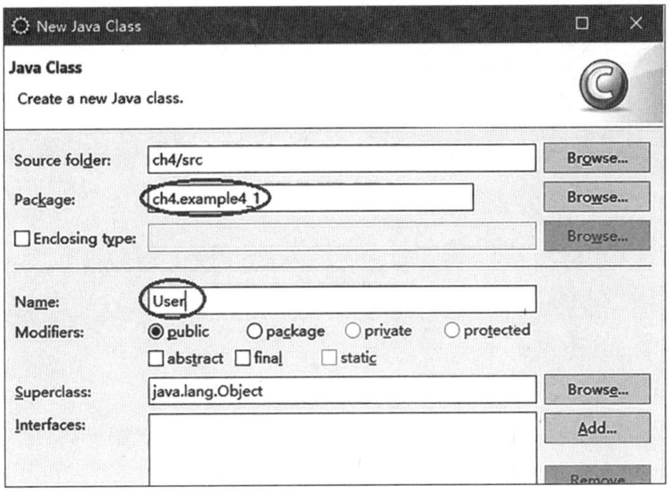

图 4-3

在图 4-3 所示的界面中指定新创建类的名称以及该类所在包的名称，单击【Finish】按钮完成 User 类的创建，然后为该类定义成员变量和方法，具体代码如下：

```java
User.java（例程4-1）
package ch4.example4_1;
public class User  {
    private String userid;    //账号
    private String pwd;        //密码
    private String sname;      //姓名
    private String sex;        //性别
    private String deptname;//学院
    private String profname;//专业
    private String grade;      //年级
    private int loginstate; //登录状态：0账号不存在；1密码错误；2登录成功
    public String getUserid() {return userid;}
    public void setUserid(String userid) {this.userid = userid;}
    public String getPwd() {  return pwd;   }
    public void setPwd(String pwd) {   this.pwd = pwd;    }
    public String getSname() {       return sname;       }
    public void setSname(String sname) {   this.sname = sname;     }
    public String getSex() {   return sex;      }
    public void setSex(String sex) {       this.sex = sex;}
    public String getDeptname() { return deptname; }
    public void setDeptname(String deptname) { this.deptname = deptname;}
    public String getProfname() { return profname;  }
    public void setProfname(String profname) { this.profname = profname;   }
```

```java
        public String getGrade() {return grade; }
        public void setGrade(String grade) {       this.grade = grade;      }
        public int getLoginstate() {       return loginstate;}
        public void setLoginstate(int loginstate) {       this.loginstate = loginstate;}
}
```

UserBase 类的创建过程与前面类似，下面给出 UserBase 类的代码。

UserBase.java（例程4-1）

```java
package ch4.example4_1;
public class UserBase  {
    private String[][] userList = new String[40][7]; // userList模拟用户库
    public UserBase() {              //构造方法对用户信息表进行初始化
        for(int i=0;i<40;i++) {
            userList[i][0]="user"+(i+1);      //账号
            userList[i][1]="pwd"+(i+1);       //密码
            userList[i][2]="学生"+(i+1);       //姓名
            if(i<20)   userList[i][3]="女";
            else userList[i][3]="男";
            userList[i][4]="行知学院";
            userList[i][5]="网络空间安全";  userList[i][6]="2018";
        }
    }
    public void login(User user) {               //身份验证方法
        user.setLoginstate(0);
        for(int i=0;i<40;i++) {
            if(userList[i][0].equals(user.getUserid())) { //用户名存在
                if(userList[i][1].equals(user.getPwd())) { //密码匹配
                    user.setLoginstate(2);   user.setSname(userList[i][2]);
                    user.setSex(userList[i][3]);   user.setDeptname(userList[i][4]);
                    user.setProfname(userList[i][5]);
                    user.setGrade(userList[i][6]);
                }
                else { user.setLoginstate(1);}
                break;
            }
        }
    }
}
```

在 UserBase 类中，用二维字符串数组 userList 存放所有学生用户信息，并在 UserBase 类的构造方法中对其进行初始化。Login (User user) 方法对参数 user 中的账号和密码信息与数组 userList 中的信息进行比较，如果账号与密码匹配，则把当前用户的其他信息设置到 user 中的相关属性，并把 user 对象的 loginstate 属性设置为 2；若账号不存在，则把 user 对象的 loginstate 属性设置为 0；若密码错误，则把 user 对象的 loginstate 属性设置为 1。

4.1.2 在 JSP 页面中使用 Java 类

例程 4-1 包含 3 个 JSP 页面，分别是登录输入页面 example4_1input.jsp、登录处理页面 example4_1login.jsp、登录成功页面 example4_1success.jsp。例程 4-1 的具体代码如下：

```
example4_1input.jsp（例程4-1）
<%@ page language="java" contentType="text/html; charset=UTF-8"
    pageEncoding="UTF-8"%>
<!DOCTYPE html><html><head><title>用户登录</title></head>
<body><font size="5"><center>
<%
String code=request.getParameter("code");
if(code!=null){
   if(code.equals("0")){out.print("<font color='red'>账号不存在！</font>");}
   else if(code.equals("1")){out.print("<font color='red'>密码错误！</font>");}
} %>
<hr color="blue"/><form action="example4_1login.jsp" method="post">
<table>
<tr><td width="150">请输入账号:</td>
<td width="400"><input type="text" name="userid" width="150"/></td></tr>
<tr><td>请输入密码:</td>
<td><input type="password" name="password" width="150"/></td></tr>
<tr><td><input type= "reset"  name= "reset"  value="重置"/></td>
<td> <input type= "submit"  name= "submit"  value="登录"/></td></tr>
</table></form><hr color="blue"></center></font></body></html>
```

要在 JSP 页面中使用自定义 Java 类，需要使用 page 指令标记的 import 属性将相关 Java 类引入当前 JSP 页面（example4_1login.jsp 代码的前 2 行）。

```
example4_1login.jsp（例程4-1）
<%@page import="ch4.example4_1.User"%>
<%@page import="ch4.example4_1.UserBase"%>
<%@ page language="java" contentType="text/html; charset=UTF-8"
    pageEncoding="UTF-8"%>
<%! UserBase userBase = new UserBase(); %>
```

```
<%    request.setCharacterEncoding("utf-8");
String userid=request.getParameter("userid");
String pwd = request.getParameter("password");
if(userid==null || pwd==null){
    response.sendRedirect("example4_1input.jsp");        return;
}
User curUser = new User();    curUser.setUserid(userid);
curUser.setPwd(pwd);        userBase.login(curUser);
if(curUser.getLoginstate()==2){
    session.setAttribute("curUser", curUser);
    response.sendRedirect("example4_1success.jsp"); return;
}
else{
response.sendRedirect("example4_1input.jsp?code="+curUser.getLoginstate());
return;
}    %>
```

example4_1success.jsp（例程4-1）

```
<%@page import="ch4.example4_1.User"%>
<%@ page language="java" contentType="text/html; charset=UTF-8"
        pageEncoding="UTF-8"%>
<!DOCTYPE html><html><head><title>系统主界面</title></head>
<%
User curUser =(User)(session.getAttribute("curUser"));
if(curUser==null){
    response.sendRedirect("example4_1input.jsp"); return;
}
%><body>登录成功<br><hr color="blue">
当前用户账号为：  <font color='red'><%=curUser.getUserid() %></font><br>
当前用户姓名为：  <font color='red'><%=curUser.getSname() %></font><br>
当前用户性别为：  <font color='red'><%=curUser.getSex() %></font><br>
当前用户学院为：  <font color='red'><%=curUser.getDeptname() %></font>
<br>
当前用户专业为: <font color='red'><%=curUser.getProfname() %></font><br>
当前用户年级为: <font color='red'><%=curUser.getGrade() %></font><br>
</body></html>
```

访问 example4_1input.jsp 的效果如图 4-4 所示。

图 4-4

在图 4-4 所示界面中输入正确的账号与密码（"userx"和"pwdx"，其中 x 的取值范围
为 1 到 40 的整数），单击【登录】按钮，浏览器将显示如图 4-5 所示的效果。

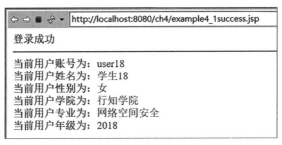

图 4-5

例程 4-1 更加具体的功能和运行效果请详见本节微课教学视频。

从例程 4-1 不难看出，在 JSP 中使用自定义 Java 类，具有以下优点：

（1）通过类实现对数据或业务逻辑的封装，使软件结构简洁、清晰、易于理解。

（2）在 JSP 页面中使用 Java 类便于将数据呈现与业务功能相分离，便于实现与维护。

4.2 JavaBean 的定义与使用

本节讲解 JavaBean 规范和定义，以及在 JSP 页面中使用
JavaBean 类的方法，并通过例程 4-2 进行举例。

4.2.1 JavaBean 规范

JavaBean 是特殊的 Java 类，使用 Java 语言书写，并遵守
JavaBean 的以下规范：

（1）必须具有一个无参的构造函数。

（2）属性必须私有化。

（3）为私有属性设计一系列 public 类型的"getter"或"setter"方法。

例如下面定义的 Circle 类就符合 JavaBean 规范，可以被 JSP 作为 JavaBean 使用。

```
Class Circle{
  Public Circle (){    //无参的构造方法
    radius =0;
  }
```

```
    private double radius;          //私有属性
    public String getRadius () {   //属性访问器
        return radius;
    }
    public void setRadius (String radius) {   //属性修改器
        this.radius = radius;
    }
}
```

注意，"getter"或"setter"方法名称要以小写的 get 或 set 开头。

定义 JavaBean 的一般方法如下：首先定义 JavaBean 的私有成员变量，JavaBean 可以有多个属性，每个属性可以是任意类型。私有成员变量标识符建议采用 camel 写法，如 loginState。其次定义一个无参的构造方法（也可采用默认的构造方法）。最后为私有成员变量定义相应的"getter"或"setter"方法。

setter 方法称为属性修改器，getter 方法称为属性访问器。属性修改器（或访问器）必须以小写的 set（或 get）前缀开头，后跟私有属性名，且私有属性名的首字母改为大写，如 getLoginState()。可以为不存在的私有成员变量定义"getter"或"setter"方法，如 User 类中没有 description，但也可以定义 getDescription 方法。

4.1 节定义的 User 类就是一个符合 JavaBean 规范的 Java 类。

4.2.2　在 JSP 页面代码段中使用 JavaBean

需要在 JSP 页面中通过 page 指令的 import 属性引入需要使用的 JavaBean 类。例如，将 ch4.example4_2.User（代码与 4.1 节中同名类相同）引入当前 JSP 页面的代码如下：

```
%@page import="ch4.example4_2.User"%
```

在 JSP 页面的代码段中，可以把 JavaBean 作为普通 Java 类来使用，如下面的代码就是将 User 类作为普通的 Java 类使用的。

```
User curUser = new User(); curUser.setUserid(userid);
curUser.setPwd(pwd);    userBase.login(curUser);
if(curUser.getLoginState()==2){
    session.setAttribute("curUser", curUser);
    response.sendRedirect("example4_2success.jsp"); return;
}
```

上面代码中用到的 userBase 类的代码与 4.1 节中的同名类相同。

4.2.3 通过 useBean 动作标记使用 JavaBean

useBean 动作标记的语法格式如下：

```
<jsp:useBean id="beanName" class="package.class" scope="scope"/>
```

（1）"id" 属性用于指定 JavaBean 对象的名称（或其存储在指定域的名称）。

（2）"class" 属性用于指定 JavaBean 的完整类名（即必须带有包名）。

（3）"scope" 属性用于指定 JavaBean 对象的存储域，其取值只能是 page、request、session 和 application 四个值中的一个，其默认值是 page。

下面给出一个使用 userBean 动作标记的例子。

```
<jsp:useBean id="curUser" class="ch4.example4_2.User" scope="session"/>
```

该动作标记的作用如下：如果 session 域（对象）中存在名为 "curUser" 且类型为 "ch4.example4_2.User" 的对象，则用变量名 curUser 获得该对象的引用，即在当前页面后续部分可用变量名 curUser 访问该对象。如果 session 域（对象）中不存在类型为 "ch4.example4_2.User" 且名称为 "curUser" 的对象，则创建该对象并将该对象以参数名 "curUser" 存入 session 域（对象）。

下面通过例程 4-2 讲解 useBean 动作标记的使用。例程 4-2 与例程 4-1 类似，唯一的区别是 example4_2success.jsp 页面中使用 useBean 动作标记来创建或引用类型为 ch4.example4_2.User 的 session 域对象 curUser，具体代码如下：

```
example4_2success.jsp（例程4-2）
<%@page import="ch4.example4_2.User"%>
<%@ page language="java" contentType="text/html; charset=UTF-8"
     pageEncoding="UTF-8"%><!DOCTYPE html>
<html><head><title>系统主界面</title></head>
<jsp:useBean id="curUser" class="ch4.example4_2.User" scope="session"/>
<body>登录成功<br><hr color="blue">
当前用户账号为：<font color='red'><%=curUser.getUserid() %></font><br>
当前用户姓名为：<font color='red'><%=curUser.getSname() %></font><br>
当前用户专业为：<font color='red'><%=curUser.getProfname() %></font>
<br></body></html>
<%    //代码段中可以使用useBean动作标记创建或引用的对象
if(curUser.getLoginState()!=2){
     response.sendRedirect("example4_2input.jsp"); return;
}
%>
```

下面通过查看 JSP 页面对应的 Servlet 类分析 JSP 引擎对 useBean 动作标记的处理。

<jsp:useBean id="curUser" class="ch4.example4_2.User" scope="session"/> 动作标记在对应的 Servlet 中被转译成如下代码（读者可以根据前面讲授的方法自行找到 example4_2success.jsp 对应的 Servlet 类进行分析比较）。

```
ch4.example4_2.User curUser = null;
curUser = (ch4.example4_2.User) _jspx_page_context.getAttribute("curUser",
javax.servlet.jsp.PageContext.SESSION_SCOPE);
if (curUser == null){ curUser = new ch4.example4_2.User();
    _jspx_page_context.setAttribute("curUser", curUser,
    javax.servlet.jsp.PageContext.SESSION_SCOPE);
}
```

上面代码的大概功能如下：首先在指定的域范围内查找指定名称的 bean 对象，如果存在则直接返回该 bean 对象的引用；如果不存在，则实例化一个新的 bean 对象，并将它以指定的名称存储到指定的容器中。另外，上面代码加框部分调用了 User 类无参数的构造访问，这就是 JavaBean 规范要求 Bean 类必须定义一个无参数的构造方法的原因。

4.3　getProperty 子标记的使用

本节讲解使用 getProperty 子标记获取 JavaBean 对象的属性，并通过例程 4-3 进行举例。

在 JSP 页面中，使用 <jsp:useBean> 动作标记创建或引用了一个 bean 之后，就可以使用 getProperty 子标记获得 bean 的指定属性，其语句格式如下：

　　<jsp:getProperty property="属性名" name="beanid"/>

假设在 ch4.example4_3 中已经定义符合 JavaBean 规范的 User 类（其代码与 4.1 节的同名类相同），该类包含了 userid 和 pwd 等属性，并设置了相应的属性访问器（getter 方法），则在 JSP 页面中可以使用下面的 getProperty 子标记读取 curUser 对象的相关属性。

　　<jsp:useBean id="curUser" class="ch4.example4_3.User" scope="session"/>
　　<jsp:getProperty property="userid" name="curUser"/>
　　<jsp:getProperty property="pwd" name="curUser"/>

下面通过例程 4-3 进一步讲解 getProperty 子标记的使用。例程 4-3 包含 User 类和 UserBase 类，它们的代码与例程 4-2 的同名类完全相同。例程 4-3 中的 example4_3input.jsp 和 example4_3login.jsp 与例程 4-2 中的 example4_2input.jsp 和 example4_2login.jsp 相同。例程 4-3 中 example4_3success.jsp 的具体代码如下：

　　example4_3success.jsp（例程4-3）
　　<%@page import="ch4.example4_3.User"%>

```
<%@ page language="java" contentType="text/html; charset=UTF-8"
    pageEncoding="UTF-8"%><!DOCTYPE html>
<html><head><title>系统主界面</title></head>
<jsp:useBean id="curUser" class="ch4.example4_3.User" scope="session"/>
<body>登录成功<br><hr color="blue">
当前用户账号为：<font color='red'>
<jsp:getProperty property="userid" name="curUser"/></font><br>
当前用户姓名为：<font color='red'>
<jsp:getProperty property="sname" name="curUser"/></font><br>
当前用户专业为：<font color='red'>
<jsp:getProperty property="profname" name="curUser"/></font><br>
</body></html><%
if(curUser.getLoginState()!=2){
    response.sendRedirect("example4_3input.jsp");  return;
}%>
```

例程 4-3 的具体功能和运行效果请详见本节微课教学视频。

下面的代码是 example4_3success.jsp 转译得到的 Servlet 类中 _jspService 方法的部分代码。

```
out.write("<body>登录成功<br><hr color=\"blue\">\r\n");
out.write("当前用户账号为：<font color='red'>\r\n");
out.write(org.apache.jasper.runtime.JspRuntimeLibrary.toString((((ch4.exam
ple4_3.User)_jspx_page_context.findAttribute("curUser")).getUserid())));
out.write("</font><br>\r\n");
out.write("当前用户姓名为：<font color='red'>\r\n");
out.write(org.apache.jasper.runtime.JspRuntimeLibrary.toString((((ch4.exam
ple4_3.User)_jspx_page_context.findAttribute("curUser")).getSname())));
out.write("</font><br>\r\n");
out.write("当前用户专业为：<font color='red'>\r\n");
out.write(org.apache.jasper.runtime.JspRuntimeLibrary.toString((((ch4.exam
ple4_3.User)_jspx_page_context.findAttribute("curUser")).getProfname())));
out.write("</font><br>\r\n");
out.write("</body></html>\r\n");
```

通过对比，读者不难发现：<jsp:getProperty property="userid" name="curUser"/> 被转成 org.apache.jasper.runtime.JspRuntimeLibrary.toString((((ch4.example4_3. User)_jspx_page_context.findAttribute("curUser")). getUserid()))。

即当我们使用 getProperty 子标记读取 xxx 属性时，实际上调用的是 getXxx() 方法。这就是 JavaBean 规范要求为私有属性按规范设计"getter"或"setter"方法的原因。

4.4 setProperty 子标记的使用

本节讲解使用 setProperty 子标记设置 JavaBean 对象相关属性的方法，并通过例程 4-4 进行举例。

在 JSP 页面中，使用 <jsp:useBean> 标记创建或引用一个 bean 后，就可以使用 setProperty 子标记设置 bean 的属性。setProperty 子标记只能在 <jsp:useBean> 标记内部使用。针对不同情况，setProperty 子标记有以下 4 种用法。

用法 1：用字符串常量对属性进行设置。

```
<jsp:setProperty name="对象名" property="属性名" value="属性值" />
```

例如，下面的代码把 curUser 对象的 loginState 属性值设置为 0。

```
<jsp:setProperty name="curUser" property="loginState" value="0" />
```

用法 2：用表达式对属性进行设置。

```
<jsp:setProperty   name="对象名"   property="属性名"
value="<%=表达式%>" />
```

例如，下面的代码把 curUser 对象的 loginState 属性值设置为变量 defaultstate 的值。

```
<jsp:setProperty name="curUser" property="loginState"
                          value="<%=defaultstate %>"/>
```

用法 3：用客户端发送的参数对属性值进行设置。

```
<jsp:setProperty   name="对象名"   property="属性名"   param="参数名" />
```

例如，下面的代码把 curUser 对象的 userid 属性值和 pwd 属性值设置为 request 中参数"userid"和"pwd"的值。

```
<jsp:setProperty name="curUser" property="loginState" param="userid"/>
<jsp:setProperty name="curUser" property="loginState" param="pwd"/>
```

request 请求中的参数可以是表单提交的数据，也可以是 include 和 forward 动作标记携带的参数。

用法 4：用客户端发送的参数对所有与参数同名的属性进行设置。

```
<jsp:setProperty   name="对象名"   property="*"/>
```

例如，下面的代码使用客户端提交的参数对 curUser 对象所有与参数同名的属性进行设置。

```
<jsp:setProperty   name="curUser"   property="*"/>
```

使用方法 4 的前提是 bean 中有与表单数据域（或参数）同名的属性。在图 4-6 所示的例子中，User 类中有名为 "userid" 和 "pwd" 的属性，而表单中相关输入域使用了相同的名称，这种情况下就可以用方法 4 批量地用客户端请求中的参数对 bean 对象的同名属性进行设置。

```
<td width="150">请输入账号:</td>
<td width="400"><input type="text" name="userid" width="150"/>
</td></tr>
<tr><td>请输入密码:</td>
<td><input type="password" name="pwd" width="150"/></td>
</tr>
                          public class User {
                            private String userid;    //账号
                            private String pwd;       //密码
<jsp:setProperty name="curUser" property="*"/>
```

图 4-6

下面通过例程 4-4 讲解 <jsp:setProperty> 标记的使用。例程 4-4 与例程 4-3 类似，主要区别是例程 4-4 的登录处理页面（example4_4login.jsp）使用 <jsp:setProperty> 子标记来给 bean 对象设置相应的属性值，具体代码如下：

```
example4_4login.jsp（例程4-4）
<%@page import="ch4.example4_4.User"%>
<%@page import="ch4.example4_4.UserBase"%>
<%@ page language="java" contentType="text/html; charset=UTF-8"
    pageEncoding="UTF-8"%>
<%! UserBase userBase = new UserBase();    %>
<% request.setCharacterEncoding("utf-8");    int defaultstate=0;    %>

<jsp:useBean id="userBase" class="ch4.example4_4.UserBase"
scope="page"/>
<jsp:useBean id="curUser"    scope="session"
                            class="ch4.example4_4.User">
<jsp:setProperty name="curUser" property="loginState" value="0" />
<jsp:setProperty name="curUser" property="loginState"
                            value="<%=defaultstate %>"/>
<jsp:setProperty name="curUser" property="*"/>
</jsp:useBean>

<%
if(curUser.getUserid()==null || curUser.getPwd()==null){
response.sendRedirect("example4_4input.jsp");    return;
}
userBase.login(curUser);
if(curUser.getLoginState()==2){
```

```
response.sendRedirect("example4_4success.jsp"); return;
}
else{
    String url = "example4_4input.jsp?code="+curUser.getLoginState()
response.sendRedirect(url); return;
}
%>
```

例程 4-4 的具体功能和运行效果请详见本节微课教学视频。

4.5 使用 JavaBean 实现留言板

本节讲解使用 JavaBean 技术实现留言板（例程 4-5）功能，首先介绍留言板的设计思路和技术实现方案，然后给出实现代码。

4.5.1 基于 JavaBean 的留言板设计方案

Message(留言信息)
writer : String title : String content : String createTime : String
Message() 相关的属性访问器和属性修改器

图 4-7

本节实现的留言板模块（例程 4-5）包括两个页面：留言输入页面 example4_5BBS_input.jsp 和留言显示页面 example4_5BBS_show.jsp。用于表示留言信息的名为 Message 的 JavaBean 类，图 4-7 为其 UML 类图。留言输入页面和留言显示页面的效果与例程 3-15 类似。

留言输入页面和留言显示页面的业务逻辑和相互之间的链接关系如图 4-8 所示。

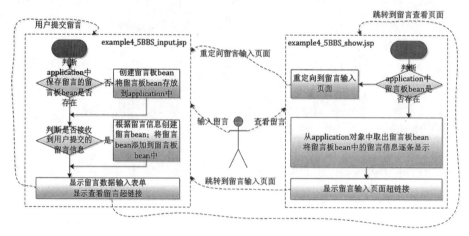

图 4-8

全部留言信息保存在数组列表 ArrayList<Message> 类的对象中。数组列表类 ArrayList<ElementType> 不同于普通数组，它可以动态增容。ArrayList<ElementType> 属于泛型类，即拥有类型参数的类型，如：

```
ArrayList<String> nameList = new ArrayList<String>();
ArrayList<Message> bbs = new ArrayList<Message>();
```

ArrayList<ElementType> 常用的方法如下：

（1）添加元素的方法 add(ElementType)，如 nameList.add("ok")。

（2）获取元素个数的方法 size()，如 nameList.size();。

（3）获取第 i 个元素的方法 get(i)，如 Message msg=(Message)(bbs.get(i));。

（4）删除第 i 个元素的方法 remove(i)，如 bbs.remove(0);。

4.5.2 基于 JavaBean 的留言板代码实现

下面给出留言板的具体代码。

Message类（例程4-5）

```
package ch4.example4_5;
public class Message {
    private String writer;
    private String title;
    private String content;
    private String createTime;
    public Message() {
        super();
        writer="";  title="";  content="";  createTime="";
    }
    public String getCreateTime() {  return createTime;     }
    public void setCreateTime(String createTime) {
        this.createTime = createTime;
    }
    public String getWriter() {  return writer;}
    public void setWriter(String writer) {this.writer = writer; }
    public String getTitle() {    return title;   }
    public void setTitle(String title) {         this.title = title;    }
    public String getContent() {     return content;     }
    public void setContent(String content) {
        this.content = content;
    }
}
```

example4_5BBS_input.jsp（例程4-5）

```
<%@page import="java.util.ArrayList"%>
```

```jsp
<%@page import="java.text.SimpleDateFormat"%>
<%@page import="ch4.example4_5.Message"%>
<%@page import="java.util.Date"%>
<%@ page language="java" contentType="text/html; charset=UTF-8"
    pageEncoding="UTF-8"%>
<HTML><head><title>留言</title></head><body bgcolor=cyan>
<%!
        String getCreateTime(){
        Date createTime = new Date();
        SimpleDateFormat sdf =
                        new SimpleDateFormat("yyyy-mm-dd hh:MM:ss");
        return sdf.format(createTime);
}%><%
if(application.getAttribute("BBS")==null){
    ArrayList<Message> bbs = new ArrayList<Message>();
    application.setAttribute("BBS", bbs);
}
request.setCharacterEncoding("UTF-8");
%>
<jsp:useBean id="message" class="ch4.example4_5.Message"/>
<jsp:setProperty property="*" name="message"/>
<jsp:setProperty property="createTime" name="message"
                                value="<%=getCreateTime() %>"/>
<%
if(!message.getWriter().equals("") && !message.getTitle().equals("")
                    && !message.getContent().equals("")){
  ArrayList<Message> bbs =
                    (ArrayList<Message>)(application.getAttribute("BBS"));
  bbs.add(message);
  out.print("<font color='red'>留言成功！</font><br><hr>");
}
%>
<!-- action为空时，表单数据发送给当前JSP页面 -->
<form action="" method="post">
<table><tr><td width="100">输入名字：</td><td width="500">
<input   type="text" name="writer" width="10" maxlength="10"></td></tr>
<tr><td width="100">留言标题：</td><td width="500">
<input   type="text"   name="title" width="20" maxlength="20"></td></tr>
<tr><td width="100">留言内容：</td><td width="500">
```

```
<textArea name="content" rows="10" cols=100></textArea></td></tr>
<tr><td width="100"></td><td width="500" align="right">
<input type="submit" value="提交" name="submit"></td></tr>
</table></form>
<hr><center><a href="example4_5BBS_show.jsp">查看留言板</a></center>
</body></HTML>
```

Example4_5BBS_show.jsp（例程4-5）

```
<%@page import="ch4.example4_5.Message"%>
<%@ page language="java" contentType="text/html; charset=UTF-8"
    pageEncoding="UTF-8"%>
<%@ page import="java.util.*" %>
<HTML><body><%
if(application.getAttribute("BBS")==null){
    response.sendRedirect("example4_5BBS_input.jsp");  return;
}
ArrayList bbs=(ArrayList)(application.getAttribute("BBS"));
for(int i=0;i<bbs.size();i++){      Message curmsg =(Message)(bbs.get(i));
%>No.<%=i+1 %><br><hr color="blue"><table>
<tr><td width="100">留言人名：</td>
<td width="800"><font color="blue">
<%=curmsg.getWriter() %></font></td></tr>
<tr><td width="100">留言标题：</td>
<td width="800"><font color="blue"><%=curmsg.getTitle() %>
</font></td></tr>
<tr><td width="100">留言内容：</td><td width="800">
<p><font color="blue"><%=curmsg.getContent() %></font></p></td></tr>
<tr><td width="100">留言时间：</td>
<td width="800"><font color="blue"><%=curmsg.getCreateTime() %>
</font></td>
</tr></table><br><br>
<%
}
if(bbs.size()<=0){ out.print("<font color='red'>暂无留言</font>"); }
%><hr color="red"/>
<a href="example4_5BBS_input.jsp">去留言</a><br></body></HTML>
```

例程 4-5 的运行效果与例程 3-15 类似，运行效果与设计实现细节请参见本节微课教学视频。

4.6   章节练习

一、单选题

1. showgamej.jsp 的代码如下：

```
<%Game game=(Game)(request.getAttribute("gameEntity"));%>
<%=game.getGameName()%>
```

在 访 问 http://localhost:8080/game/showgame.jsp 时 出 现 500 错 误， 报 出 异 常 为 NullPointerException，造成该问题的原因可能是（   ）。

A. jsp 文件路径不对

B. game 对象没有用 new 初始化

C. getGameName() 方法未定义

D. 参数名称所代表的对象在 request 容器中根本就不存在

2. 在一个 JavaBean 里有一个属性是 user_name，下面方法符合 JavaBean 属性访问器命名规则的是（   ）。

A. getUser_name()   B. get_Username()

C. getUsername()   D. getUserName()

3. 下列关于 JavaBean 属性访问器或属性修改器的描述中，错误的是（   ）。

A. 表示属性访问器的方法名必须以 Get 开头

B. 表示属性修改器的方法名必须以 set 开头

C. 属性访问器和属性修改器的可访问性应该是 public

D. 一个属性可以有对应的属性方法器，但可以没有对应的属性修改器

4. 在 JSP 中用 useBean 标记创建或引用 models 包中的 User 类，则以下写法正确的是（   ）。

A. <jsp:useBean id="user" class="models.user" import="user.* "/>

B. <jsp:useBean id="user" class=" models.User" scope="page"/>

C. <jsp:useBean class=" models..User.class"/>

D. <jsp:useBean name="user" class=" models.User"/>

5. 在 JSP 中使用 <jsp:useBean> 动作标记可以将 JavaBean 嵌入 JSP 页面，对 JavaBean 的访问范围不能是（   ）。

A. application   B. page   C. response   D. request

6. 在 JSP 页面中正确引入 JavaBean 的是（   ）。

A. <%jsp: useBean id ="myBean" scope ="page" class="pkg.MyBean" %>

B. <jsp: useBean name="myBean" scope ="page" class="pkg.MyBean">

C. <jsp: useBean id ="myBean" scope ="page" class="pkg.MyBean" />

D. <jsp: useBean name="myBean" scope ="page" class="pkg.MyBean" />

7. 给定 example 包中的 TheBean 类，假设还没有创建 TheBean 类的实例，下列动作标记语句中能创建这个 bean 的一个新实例，并把它存储在请求作用域的是（　　　）。

A. <jsp:useBean name="myBean" type=" example.TheBean"/>

B. <jsp:takeBean name="myBean" type=" example.TheBean"/>

C. <jsp:useBean id="myBean" class=" example.TheBean" scope="request"/>

D. <jsp:takeBean id="myBean" class=" example.TheBean" scope="request"/>

8. 下列关于 <jsp:useBean> 动作标记的描述中，错误的是（　　　）。

A. 属性 id 表示 JavaBean 对象的名称

B. 属性 class 表示 JavaBean 对象的类型

C. 属性 scope 表示 JavaBean 对象的存储域

D. 属性 scope 可以省略，默认是 session

9. 假设已经创建一个名为"obj"的 bean 对象，用于将变量 pwd 的值赋给 obj 对象的 password 属性的标记语句是（　　　）。

A. <jsp:setProperty name="password" property="obj" value="pwd" />

B. <jsp:setProperty name="obj" property="pwd" value="password" />

C. <jsp:setProperty name="obj" property="password" value="<%=pwd%>" />

D. <jsp:setProperty name="obj" property="password" value="pwd" />

10. 假设客户端请求中的参数名与名为"obj"的 bean 的属性名完全相同，则可以使用请求参数对 obj 的每个同名属性进行赋值操作的动作标记是（　　　）。

A. <jsp:setProperty name="obj" property="*" param="*"/>

B. <jsp:setProperty name="obj" property="*"/>

C. <jsp:setProperty name="obj" param="*"/>

D. <jsp:setProperty name="obj" property="*" value="*"/>

二、简答题

1. JavaBean 规范有哪些要求？

2. bean 有哪 4 种存储域？请解释它们的生命周期。

三、编程题

1. 编写 2 个 JSP 页面——input.jsp 和 calc.jsp，将这 2 个 JSP 页面保存在同一个 Web 服务目录中。input.jsp 提供一个表单，用户通过表单输入圆柱体的底圆半径和高，并提交 calc.jsp。calc.jsp 将计算圆柱体的表面积和体积的任务交给一个名为"Pillar"的 JavaBean 类去完成。calc.jsp 页面使用 useBean 标签创建一个 Pillar 类的 bean 对象，并使用 setProperty 子标签把提交的表单参数赋值给 bean 对象的相关属性，并使用 getProperty 子标签显示圆柱体的表面积和体积。

2. 编写一个 JSP 页面，该页面提供一个表单，用户通过表单输入一个长方形的长和宽，并提交给本页面。该页面将计算长方形周长和面积的任务交给一个名为"Rectangle"的 JavaBean 类完成。该 JSP 页面使用 useBean 标签创建一个 Rectangle 类的 bean 对象，并使用 setProperty 子标签把提交的表单参数赋值给 bean 对象的相关属性，最后使用 getProperty 子标签显示长方形的周长和面积（若该页面第一次被访问，则不显示周长和面积信息）。

第 5 章 Servlet 基础

5.1 Servlet 简介

本节讲解 Servlet 的基本概念以及创建和访问 Servlet 的基本方法，并通过例程 5-1 进行举例。

5.1.1 Servlet 概述

JSP 页面是在 HTML 代码中嵌入 Java 代码段，适合用于数据呈现。JavaBean 适合用于数据的描述以及业务逻辑的实现。

在 Web 应用系统中，还有一项任务也非常重要，那就是 Web 应用系统的流程控制功能，如登录请求处理。它接收客户端的请求参数，调用相关的 JavaBean 实现业务逻辑，并根据执行结果将客户端引导到不同的页面。采用 JSP 页面实现这类流程控制功能（如 example5_1login.jsp）并不是十分合适，因为在 JSP 页面中实现流程控制需要在 HTML 代码中嵌入大量的 Java 代码段，容易造成逻辑不清。

流程控制功能的实现适合采用 Servlet 技术。

Servlet 是 Sun 公司提供的一种用于开发动态 Web 资源的技术，是一种早于 JSP 出现的技术。为了使 Java 语言能够开发 Web 应用程序，Sun 公司在其 API 中提供了 Servlet 接口，用户想要开发一个动态 Web 资源（即用户通过浏览器就可以进行远程访问的资源），需要完成以下 2 个步骤：第 1 步，编写一个实现 Servlet 接口的 Java 类；第 2 步，把开发好的 Java 类部署到 Web 服务器中。按照约定俗成的称呼习惯，我们通常也把实现了 Servlet 接口的 Java 类的对象称为 servlet。在本书的后续部分，我们用 Servlet 表示实现了 Servlet 接口的 Java 类，用 servlet 表示 Servlet 类的对象。

5.1.2 Servlet 的创建与访问

创建 Servlet 类就是编写一个实现 HttpServlet 接口的类，我们习惯把这种 HttpServlet 接口的类的对象称作 servlet。下面通过例程 5-1 讲解 Servlet 的创建与访问。例程 5-1 包含 2 个 JSP 页面和 1 个 Servlet 类：登录输入页面 example5_1input.jsp、登录成功页面 example5_1success.jsp 和进行登录处理的 Servlet 类 LoginServlet.java。example5_1input.jsp 和 example5_1success.jsp 的具体代码如下：

```
example5_1input.jsp（例程5-1）
<%@ page language="java" contentType="text/html; charset=UTF-8"
    pageEncoding="UTF-8"%><!DOCTYPE html>
<html><head><title>用户登录</title></head><body><font size="5"><center>
```

```
<%
String code=request.getParameter("code");
if(code!=null){
    if(code.equals("0")){out.print("<font color='red'>账号不存在！</font>");}
    else if(code.equals("1")){ut.print("<font color='red'>密码错误！</font>");}
}
%><hr color="blue"/>
<form action="login.do" method="post"><table> <!-- 不能写成/login.do -->
<tr><td width="150">请输入账号:</td>
<td width="400"><input type="text" name="userid" width="150"/></td></tr>
<tr><td>请输入密码:</td>
<td><input type="password" name="password" width="150"/></td></tr>
<tr><td><input type= "reset"  name= "reset"  value="重置"/></td>
<td>  <input type= "submit"  name= "submit"  value="登录"/></td>
</tr></table></form><hr color="blue"></center></font></body></html>
```

example5_1success.jsp（例程5-1）

```
<%@ page language="java" contentType="text/html; charset=UTF-8"
    pageEncoding="UTF-8"%><!DOCTYPE html>
<html><head><title>系统主界面</title></head>
<%
String userid =(String)(session.getAttribute("userid"));
if(userid==null){response.sendRedirect("example5_1input.jsp"); return;}
%>
<body>登录成功<br><hr color="blue">
当前用户账号为：<font color='red'><%=userid %></font>
<br></body></html>
```

下面讲解 LoginServlet 的创建与访问。

第 1 步，在 Eclipse 主界面左侧的项目浏览器 ch5 项目的【src】文件夹上右击，在弹出的菜单中执行【New】→【Servlet】命令（见图 5-1），Eclipse 会显示如图 5-2 所示的界面。

图 5-1

图 5-2

第2步，在图5-2所示的界面中为正在创建的 Servlet 类指定包名和类名，单击【Finish】按钮，Eclipse 会自动生成如下所示的框架代码。

```java
package ch5.servlets;
import java.io.IOException;
import java.io.PrintWriter;
import javax.servlet.ServletContext;
import javax.servlet.ServletException;
import javax.servlet.annotation.WebServlet;
import javax.servlet.http.HttpServlet;
import javax.servlet.http.HttpServletRequest;
import javax.servlet.http.HttpServletResponse;
import javax.servlet.http.HttpSession;
@WebServlet("/LoginServlet ")
public class LoginServlet extends HttpServlet {
    private static final long serialVersionUID = 1L;
    /**
     * @see HttpServlet#HttpServlet()
     */
    public LoginServlet() {
        super();
        // TODO Auto-generated constructor stub
    }
    /**
     * @see HttpServlet#doGet(HttpServletRequest request,
                                        HttpServletResponse response)
     */
    protected void doGet(HttpServletRequest request,
        HttpServletResponse response) throws ServletException, IOException {
        // TODO Auto-generated method stub
        response.getWriter().append("Served at: ").
                                        append(request.getContextPath());
    }
    /**
     * @see HttpServlet#doPost(HttpServletRequest request,
                                        HttpServletResponse response)
     */
    protected void doPost(HttpServletRequest request,
        HttpServletResponse response) throws ServletException, IOException {
        // TODO Auto-generated method stub
```

```
        doGet(request, response);
    }
}
```

其中 @WebServlet("/LoginServlet") 注解语句用于为当前 Servlet 类对象指定访问路径，doGet() 方法用于响应客户端以 Get 方式提交的请求，doPost() 方法响应客户端以 Post 方式提交的请求。

第 3 步，对上述 LoginServlet 框架代码中的 doGet 方法进行修改，以实现业务功能。doGet 方法的具体代码如下：

```
LoginServlet.java（例程5-1）
protected void doGet(HttpServletRequest request,
    HttpServletResponse response)  throws ServletException, IOException  {
    request.setCharacterEncoding("utf-8");
    String userid=request.getParameter("userid");
    String pwd = request.getParameter("password");
    if(userid==null || pwd==null){
        response.sendRedirect("example5_1input.jsp"); return;
    }
    if(!userid.equals("admin")){
        response.sendRedirect("example5_1input.jsp?code=0"); return;
    }
    if(!pwd.equals("12345")){
        response.sendRedirect("example5_1input.jsp?code=1"); return;
    }
    HttpSession session = request.getSession(); //获取session对象
    session.setAttribute("userid", userid);
    response.sendRedirect("example5_1success.jsp");
}
```

第 4 步，修改 @WebServlet 注解语句，将该 Servlet 类对象的访问路径设置为 "/login.do"，具体代码如下：

```
@WebServlet("/login.do")
public class LoginServlet extends HttpServlet  {
```

第 5 步，在其他页面中使用指定的访问路径访问该 Servlet 类的对象。例如，下面的代码将 example5_1input.jsp 页面中表单的提交目标设置为该 Servlet 类的对象。

```
<form action="login.do" method="post"><table>  <!-- 不能写成/login.do -->
```

当 Web 应用 ch5 启动时，JSP 引擎（Tomcat）为 LoginServlet 创建一个对象为客户端提供服务，其访问地址由标注语句 @WebServlet("/login.do") 指定，即本例中该 Servlet 类对象的访问地址是 "login.do"。

例程 5-1 的设计过程和运行效果请参见本节微课教学视频。

5.2 Servlet 使用 JSP 页面内置对象

本节讲解在 Servlet 中使用 JSP 页面内置对象的方法，并通过例程 5-2 进行举例。

5.2.1 Servlet 使用 JSP 页面内置对象的方法

常用的 JSP 页面内置对象主要包括以下几个：

（1）request 对象，类型为 HttpServletRequest，代表客户端请求。

（2）response 对象，类型为 HttpServletResponse，代表对客户端的响应。

（3）out 对象，类型为 JspWriter（它依赖于 PrintWriter 类），代表指向客户端输出流。

（4）session 对象，类型为 HttpSession，代表当前会话。

（5）application 对象，类型为 ServletContext，代表当前应用。

如何在 Servlet 中来使用上述内置对象呢？下面介绍在 Servlet 中使用 JSP 页面内置对象的方法。

如图 5-3 所示，JSP 引擎会把 request 和 response 对象通过参数传入 doGet 和 doPost 方法的内部，因此在 doGet 和 doPost 方法中可以直接使用 request 对象和 response 对象。

```
void doGet(HttpServletRequest request, HttpServletResponse response)
throws ServletException, IOException {
request.setCharacterEncoding("utf-8");
```

图 5-3

在 Servlet 的 doGet 和 doPost 方法中获取 out、session 和 application 对象的方法如下：

（1）获取 out 对象，PrintWriter out = response.getWriter();。

（2）获取 session 对象，HttpSession session = request.getSession();。

（3）获取 application 对象，ServletContext app = request.getServletContext();。

5.2.2 Servlet 使用 JSP 页面内置对象的应用举例

例程 5-2 实现了一个用户注册功能，包括 UserInfo 类和 UserBase 类、注册输入页面 example5_2input.jsp 和注册成功页面 example5_2success.jsp，以及用于注册处理的 Servlet 类 RegisterServlet.java。

UserInfo 类表示用户信息，代码如下：

```
UserInfo.java（例程5-2）
package ch5.beans;
public class UserInfo {
```

```
        private String userid;
        private String password;
        private String userName;
        private String sex;
        public String getUserid() {return userid;}
        public void setUserid(String userid) {this.userid = userid;}
        public String getPassword() {return password;}
        public void setPassword(String password) {this.password = password;}
        public String getUserName() {return userName;}
        public void setUserName(String userName) {this.userName = userName;}
        public String getSex() {return sex;}
        public void setSex(String sex) {this.sex = sex;}
    }
```

UserBase 类表示用户信息库，代码如下：

UserBase.java（例程5-2）
```
package ch5.beans;
import java.util.Vector;
public class UserBase  {
    private Vector<UserInfo> userList = new Vector<UserInfo>();
    public String addUser(UserInfo newUser)  {
        String feedback = "OK";
        for(int i=0;i<userList.size();i++) {
            UserInfo curUser = (UserInfo)(userList.get(i));
            if(curUser.getUserid().equals(newUser.getUserid())) {
                feedback = "当前用户的账号已经存在！ ";break;
            }
        }
        return feedback;
    }
    public UserInfo[] getAllUser() {return (UserInfo[])(userList.toArray());}
    public int getUserCount() {return userList.size();}
}
```

在 UserBase 类中使用了 Vector 类来存储所有注册用户的信息。Vector 类也是一个泛型类，可以实现类似动态数组的功能，主要方法如下：

（1）Object get(index)，用于获取 index 处的对象。

（2）void adddElement(Object obj)，用于将 obj 插入向量的尾部。

（3）setElementAt(Object obj,int index)，用于将 index 处的对象设置成 obj，覆盖原对象。

（4）insertElement(Object obj,int index)，用于在 index 指定的位置插入 obj，原来对象以及此后的对象依次往后顺延。

（5）removeElementAt(int index)，用于删除 index 所指的地方的对象。

注册输入页面 example5_2input.jsp 的代码如下：

```jsp
example5_2input.jsp（例程5-2）
<%@ page language="java" contentType="text/html; charset=UTF-8"
    pageEncoding="UTF-8"%><!DOCTYPE html>
<html><head><title>用户登录</title></head><body>
<font size="5"><center>
<%
String feedback=request.getParameter("feedback");
if(feedback!=null) out.print("<font color='red'>"+feedback+"！</font>");
%>
<hr color="blue"/><form action="register.do" method="post"><table>
<tr><td width="150">请输入账号:</td>
<td width="400">
<input type="text" name="userid" width="150"/></td></tr>
<tr><td>请输入密码:</td>
<td><input type="password" name="password1" width="150"/></td></tr>
<tr><td>再输入密码:</td>
<td><input type="password" name="password2" width="150"/></td></tr>
<tr><td>请输入姓名:</td>
<td><input type="text" name="username" width="150"/></td></tr>
<tr><td>请选择性别:</td>
<td><input type="radio" name="sex" value="女"/>女  
<input type="radio" name="sex" value="男"/>男</td></tr>
<tr><td><input type="reset"  name="reset"  value="重置"/></td>
<td>  <input type="submit"  name="submit"  value="注册"/></td>
</tr></table></form><hr color="blue"></center></font></body></html>
```

注册成功页面 example5_2success.jsp 的代码如下：

```jsp
example5_2success.jsp（例程5-2）
<%@page import="ch5.beans.UserInfo"%>
<%@ page language="java" contentType="text/html; charset=UTF-8"
    pageEncoding="UTF-8"%><!DOCTYPE html>
<html><head><title>系统主界面</title></head>
<%
UserInfo curUser =(UserInfo)(session.getAttribute("curUser"));
```

```
if(curUser==null){    response.sendRedirect("example5_2input.jsp"); return;}
%>
<body>注册成功<br><hr color="blue">
当前用户账号：<font color='red'><%=curUser.getUserid() %></font><br>
当前用户名称：
<font color='red'><%=curUser.getUserName() %></font><br>
当前用户性别：<font color='red'><%=curUser.getSex() %></font><br>
</body></html>
```

RegisterServlet 类的具体代码如下：

RegisterServlet .java（例程5-2）
```
package ch5.servlets;
import java.io.IOException;
import java.io.PrintWriter;
import javax.servlet.ServletContext;
import javax.servlet.ServletException;
import javax.servlet.annotation.WebServlet;
import javax.servlet.http.HttpServlet;
import javax.servlet.http.HttpServletRequest;
import javax.servlet.http.HttpServletResponse;
import javax.servlet.http.HttpSession;
import ch5.beans.*;

@WebServlet("/register.do")
public class RegisterServlet extends HttpServlet  {
    private static final long serialVersionUID = 1L;
    public RegisterServlet() {        super();     }
    protected void doGet(HttpServletRequest request, HttpServletResponse
response) throws ServletException, IOException  {
        response.setContentType("text/html; charset=UTF-8");
        response.setCharacterEncoding("UTF-8");
        request.setCharacterEncoding("utf-8");
        String referer = request.getHeader("referer");
        if(referer==null || !referer.endsWith("example5_2input.jsp")){
            response.sendRedirect("example5_2input.jsp"); return;
        }
        String userid=request.getParameter("userid");
        String password1 = request.getParameter("password1");
        String password2 = request.getParameter("password2");
        String username = request.getParameter("username");
```

```
String sex = request.getParameter("sex");
userid = userid.trim();
PrintWriter out = response.getWriter();
if(userid.equals("")){
    out.write("<script>alert('账号不允许为空！'); ");
    out.write("history.back(-1);</script>")); return;
}
password1 = password1.trim();    password2 = password2.trim();
if(password1.equals("")){
    out.write("<script>alert('密码不允许为空！') ;");
    out.write("history.back(-1);</script>")); return;
}
if(!password1.equals(password2)){
    out.write("<script>alert('两次输入的密码不一致！') ;");
    out.write("history.back(-1);</script>")); return;
}
username = username.trim();
if(username.equals("")){
    out.write("<script>alert('用户名不允许为空！') ;");
    out.write("history.back(-1);</script>")); return;
}
if(sex==null){
    out.write("<script>alert('请选择性别！');history.back(-1);</script>");
    return;
}
UserInfo newUser = new UserInfo();
newUser.setUserid(userid);    newUser.setPassword(password1);
newUser.setSex(sex);          newUser.setUserName(username);
ServletContext application = request.getServletContext();
if(application.getAttribute("userBase")==null){
    UserBase userBase = new UserBase();
    application.setAttribute("userBase", userBase);
}
UserBase userBase = (UserBase)(application.getAttribute("userBase"));
String feedback = userBase.addUser(newUser);
if(!feedback.equals("OK")){
    out.write("<script>alert('"+feedback+"');history.back(-1);</script>");
    return;
}
```

```
        HttpSession session = request.getSession();
        session.setAttribute("curUser", newUser);
        response.sendRedirect("example5_2success.jsp");
    }
    protected void doPost(HttpServletRequest request,
        HttpServletResponse response)  throws ServletException, IOException  {
        doGet(request, response);
    }
}
```

运行例程 5-2，访问 example5_2input.jsp 的效果如图 5-4 所示。

http://localhost:8080/ch5/example5_2input.jsp

请输入账号:	zjnuyuan
请输入密码:	•••••
再输入密码:	•••••
请输入姓名:	Leon
请选择性别:	○女 ◉男
重置	注册

图 5-4

在如图 5-4 所示的界面中输入正确的信息（各数据输入域不为空，注册账号不与已有的用户账号相同，两次输入的密码一致），单击【注册】按钮后，浏览器将显示如图 5-5 所示的注册成功页面。

◁ ▷ ■ ↻ ▾ http://localhost:8080/ch5/example5_2success.jsp

注册成功

当前用户账号：zjnuyuan
当前用户名称：Leon
当前用户性别：男

图 5-5

例程 5-2 更加详细的运行效果请参见本节微课教学视频。

5.3　Servlet 请求重定向与请求转发

本节讲解在 Servlet 请求重定向与请求转发的方法，并通过例程 5-3 进行举例。

5.3.1　在 Servlet 中实现请求重定向与请求转发的方法

在第 2 章第 8 节中，我们学习了使用 <jsp:forward> 动作标记实现请求转发。在第 3 章第 10 节中，我们学习了使用 response.sendRedirect() 实现请求重定向。

下面介绍在 Servlet 中实现请求重定向和请求转发的方法。

（1）请求重定向的方法。

在 doGet 或 doPost 方法中，可直接使用 response 对象，因此实现请求重定向的方法与 JSP 页面相同，就是使用 response.sendRedirect 方法。

（2）请求转发的方法。

先使用 request 对象的 getRequestDispatcher(url) 方法获取 RequestDispatcher 类型的对象（称为转发器对象），再调用转发器对象的 forward 方法实现请求转发。使用 RequestDispatcher 类实现请求转发的例子如图 5-6 所示。

```
//声明一个RequestDispatcher类型的变量来保存转发器对象
RequestDispatcher dispatcher
= request.getRequestDispatcher("example5_3success.jsp");
//调用转发器对象的forward方法实现请求转发
dispatcher.forward(request, response);
```

图 5-6

5.3.2　在 Servlet 中应用请求重定向与请求转发

例程 5-3 是实现用户登录处理的另外一个版本，由 2 个 JSP 页面和 1 个 Servlet 类组成：登录输入页面 example5_3input.jsp、登录成功页面 example5_3success.jsp 和用于登录处理的 Servlet 类 LoginServlet5_3.java。其中 2 个 JSP 文件的代码与例程 5-1 的相同功能 JSP 文件类似，在此不再赘述。下面给出 LoginServlet5_3.java 的代码实现。

```java
LoginServlet5_3.java（例程5-3）
package ch5.servlets;
import java.io.IOException;
import javax.servlet.RequestDispatcher;
import javax.servlet.ServletException;
import javax.servlet.annotation.WebServlet;
import javax.servlet.http.HttpServlet;
import javax.servlet.http.HttpServletRequest;
import javax.servlet.http.HttpServletResponse;
@WebServlet("/login5_3.do")
public class LoginServlet5_3 extends HttpServlet {
    private static final long serialVersionUID = 1L;
    public LoginServlet5_3() {        super();    }
    protected void doPost(HttpServletRequest request,
    HttpServletResponse response)  throws ServletException, IOException {
        doGet(request, response);
    }
    protected void doGet(HttpServletRequest request,
```

```
        HttpServletResponse response)  throws ServletException, IOException  {
            request.setCharacterEncoding("utf-8");
            String userid=request.getParameter("userid");
            String pwd = request.getParameter("password");
            if(userid==null || pwd==null){
                response.sendRedirect("example5_3input.jsp"); return;
            }
            if(!userid.equals("admin")){
                response.sendRedirect("example5_3input.jsp?code=0"); return;

            }
            if(!pwd.equals("12345")){
                response.sendRedirect("example5_3input.jsp?code=1"); return;
            }
            request.setAttribute("userid", userid);
            RequestDispatcher dispatcher =
                    request.getRequestDispatcher("example5_3success.jsp");
            dispatcher.forward(request, response);
        }
    }
```

例程 5-3 更加详细的设计方法和运行效果请参见本节微课教学视频。

5.4 Servlet 运行过程与生命周期

本节讲解 Servlet 的其他常用方法，介绍 Servlet 运行过程和生命周期以及相关方法被调用的时机，并通过例程 5-4 进行验证。

5.4.1 Servlet 类常用方法

Servlet 类常用的方法主要有以下几个：

（1）init() 方法。

该方法是在 HttpServlet 类中定义的方法，可以在子类中重写该方法，init() 方法的声明格式如下：

```
public void init(ServletConfig config) throws ServletException
```

该方法中有一个 ServletConfig 类型的参数，表示当前 Servlet 类的配置对象，通过该配置对象可以读取当前 Servlet 类的相关配置信息（Servlet 类配置及读取相关的方法将在第 5 章第 5 节中讲解）。

Servlet 类第一次被请求时，服务器会创建该 Servlet 类的一个对象，并调用该对象的 init

方法完成必要的初始化工作。init 方法只会被调用一次，即在 servlet 第一次被请求加载时调用该方法。

（2）service() 方法。

该方法是 HttpServlet 类中定义的方法，我们可以在子类中直接继承该方法或重写该方法。service() 方法的声明格式如下：

> protected void service(HttpServletRequest request,
> HttpServletResponse response) throws ServletException, IOException

当用户请求该 servlet 时，服务器会用该 servlet 的 service 方法作为一个线程体来创建一个线程以响应用户的请求，即每个用户请求都导致 service 方法被调用执行。

默认的 service 方法主要实现请求转发功能，会将请求转发给 servlet 的 doGet 或 doPost 方法。我们一般不对 service 方法进行重写，而是通过重写 doGet 或 doPost 方法实现相应的响应功能。

（3）doPost 和 doGet 方法。

可以通过在 Servlet 类中重写 doPost 或 doGet 方法响应用户的请求。doPost 方法用于响应客户端以 Post 方式提交的请求，doGet 方法用于响应客户端以 Get 方式提交的请求。在定义 Servlet 的时候，一般都是重写 doGet 或 doPost 方法，而很少会去重写 service 方法。

（4）destroy 方法。

该方法是 HttpServlet 类中定义的方法，子类可直接继承这个方法。destroy() 方法的声明格式如下：

> public void destroy()

如果需要在 servlet 对象被卸载时执行一些功能，则需重写该方法。

5.4.2　Servlet 运行过程

当 Web 服务器收到客户端针对某个 Servlet 类的访问请求时，其运行过程如下：

第 1 步，JSP 引擎首先检查是否已经创建了该 Servlet 类的实例对象。如果该 Servlet 类的实例对象已经存在，则直接执行第 3 步；否则，执行第 2 步。

第 2 步，装载并创建该 Servlet 的一个对象，并调用该对象的 init 方法。

第 3 步，创建一个用于封装 HTTP 请求消息的 HttpServletRequest 对象和一个表示对客户端响应的 HttpServletResponse 对象，然后调用该对象的 service 方法，并将 request 和 response 对象作为参数传递进去。

第 4 步，service 方法会根据客户端请求提交方式调用 doPost 或 doGet 方法。

第 5 步，当 Web 应用程序被停止或重新启动时，JSP 引擎将卸载该 servlet 对象，并在卸载时调用该 servlet 的 destroy 方法。

5.4.3　Servlet 生命周期及相关方法的调用时机

Servlet 的生命周期如图 5-7 所示，其生命周期共有 3 个阶段：

（1）初始化阶段。Servlet 类第一次被请求时，JSP 引擎会创建出该 Servlet 类的一个对象（称为 servlet），并调用该 servlet 对象的 init 方法来完成必要的初始化工作。init 方法只被调用一次，即在 servlet 第一次被请求时被调用。

（2）运行阶段。针对每个客户端请求，该 servlet 对象都会调用 service 方法响应用户请求，即每个客户端请求都会导致 service 方法被调用执行（service 方法再调用 doGet 或 doPost 方法）。

（3）注销阶段。当服务器被关闭或重新启动时，会调用该对象的 destroy 方法。

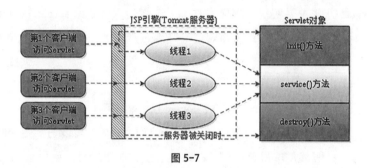

图 5-7

下面通过例程 5-4 来分析与观察相关方法的调用时机，该例程只有一个名为 "LTServlet" 的 Servlet 类。默认情况下，创建的 Servlet 类一般只包含 doGet 和 doPost 方法，为了使创建的 Servlet 类具有 init、service 和 destroy 方法，可以在 Servlet 创建向导（如图 5-8 所示的界面）中勾选相关的方法。

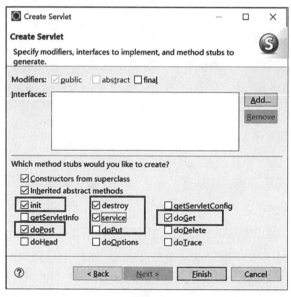

图 5-8

LTServlet.java 的具体代码如下：

```java
LTServlet.java（例程5-4）
package ch5.servlets;
import java.io.IOException;
import javax.servlet.ServletConfig;
import javax.servlet.ServletException;
import javax.servlet.annotation.WebServlet;
import javax.servlet.http.HttpServlet;
import javax.servlet.http.HttpServletRequest;
import javax.servlet.http.HttpServletResponse;
@WebServlet("/LTServlet")
public class LTServlet extends HttpServlet {
    private static final long serialVersionUID = 1L;
    public LTServlet() {          super();        }
    public void init(ServletConfig config) throws ServletException  {
        System.out.println("init"); super.init(config);
    }
    public void destroy() {    System.out.println("destroy");super.destroy();    }
    protected void service(HttpServletRequest request,
        HttpServletResponse response)  throws ServletException, IOException{
        System.out.println("serice"); super.service(request, response);
    }
    protected void doGet(HttpServletRequest request,
        HttpServletResponse response)  throws ServletException, IOException{
        System.out.println("doGet");
    }
    protected void doPost(HttpServletRequest request,
        HttpServletResponse response)  throws ServletException, IOException{
        doGet(request, response);
    }
}
```

在 Eclipse 中运行该 Servlet 并多次刷新，可以在 Console 窗口看到下面的输出内容。

```
init
serice
doGet
serice
doGet
...
```

例程 5-4 更加具体的运行效果请参见本节微课教学视频。

5.5 Servlet 参数配置与获取

本节讲解如何使用注解配置 Servlet 的参数，以及在 init 方法中使用 ServletConfig 类对象读取相关参数的方法，并通过例程 5-5 进行举例。

5.5.1 使用注解配置 Servlet 参数的一般方法

Servlet 3.0 以上版本支持使用注解来配置 Servlet，常用属性如表 5-1 所示。

表 5-1

属性名	类型	描述
name	String	指定 servlet 对象的名称
urlPatterns	String[]	为当前 servlet 对象指定 URL 匹配模式
value	String[]	与 urlPatterns 相同，两者不能同时使用
initParams	WebInitParam[]	为当前 servlet 指定一组初始化参数

例如，图 5-9 中的代码使用注解为名为"LoginServlet5_5"的 Servlet 配置了一些参数。

```
@WebServlet(name="servlet5_5",urlPatterns= {"/login5_5.do","/login5_5.html"},
initParams = {@WebInitParam(name="successpage",value="example5_5success.jsp"),
              @WebInitParam(name="inputpage",value="example5_5input.jsp")})
public class LoginServlet5_5 extends HttpServlet {
```

图 5-9

而第 5 章前面例子中用的标注语句 @WebServlet("/login.do") 是下面写法的简略版本。

@WebServlet(name="xxx", urlPatterns= {"/login.do"})

5.5.2 获取 Servlet 参数的一般方法

JSP 引擎在创建 Servlet 类的对象时，会自动把为 Servlet 类配置的参数封装到一个 ServletConfig 类的 config 对象中，并在调用 servlet 对象的 init 方法时，将 config 对象作为参数传递进去。

public void init(ServletConfig config) throws ServletException

在 init 方法中，可以调用如下方法来获取 Servlet 类的初始化参数。

```
public void init(ServletConfig    config) throws ServletException{
    String successpage = config.getInitParameter("successpage");
    String inputpage = config.getInitParameter("inputpage");
}
```

下面，通过例程 5-5 详细介绍使用注解配置 Servlet 的参数，并在 init 方法中使用 ServletConfig 类对象读取相关参数的方法。例程 5-5 是实现用户登录处理的另一版本，包含登录输入页面 example5_5input.jsp、登录成功页面 example5_5success.jsp 和用于登录处理的 Servlet 类 LoginServlet5_5.java。example5_5input.jsp 和 example5_5success.jsp 的代码与例程 5-3 的相同功能 JSP 文件类似，不再赘述。下面给出 LoginServlet5_5.java 的代码实现。

```java
LoginServlet5_5.java（例程5-5）
package ch5.servlets;
import java.io.IOException;
import javax.jws.soap.InitParam;
import javax.servlet.RequestDispatcher;
import javax.servlet.ServletConfig;
import javax.servlet.ServletException;
import javax.servlet.annotation.WebInitParam;
import javax.servlet.annotation.WebServlet;
import javax.servlet.http.HttpServlet;
import javax.servlet.http.HttpServletRequest;
import javax.servlet.http.HttpServletResponse;

@WebServlet(name="servlet5_5",urlPatterns= {"/login5_5.do",
        "/login5_5.html"}, initParams = {@WebInitParam(name="successpage",
                                        value="task5_5success.jsp"),
            @WebInitParam(name="inputpage",value="task5_5input.jsp")}       )
public class LoginServlet5_5 extends HttpServlet {
    private static final long serialVersionUID = 1L;
    private String successpage = "";
    private String inputpage = "";
    public void init(ServletConfig config) throws ServletException {
        successpage = config.getInitParameter("successpage");
        inputpage = config.getInitParameter("inputpage");
    }
    protected void doGet(HttpServletRequest request,
        HttpServletResponse response)  throws ServletException, IOException {
        request.setCharacterEncoding("utf-8");
        String userid=request.getParameter("userid");
        String pwd = request.getParameter("password");
        if(userid==null || pwd==null){
            response.sendRedirect(inputpage); return;
        }
        if(!userid.equals("admin")){
            response.sendRedirect(inputpage+"?code=0"); return;
        }
        if(!pwd.equals("12345")){
```

```
            response.sendRedirect(inputpage+"?code=2"); return;
        }
        request.setAttribute("userid", userid);
        RequestDispatcher dispatcher =
            request.getRequestDispatcher(successpage);
        dispatcher.forward(request, response);
    }
    protected void doPost(HttpServletRequest request,
        HttpServletResponse response)  throws ServletException, IOException {
            doGet(request, response);
    }
}
```

例程 5-5 更加具体的运行效果请参见本节微课教学视频。

通过注解为 Servlet 类设置参数的方法存在一个缺点，那就是修改相关参数的值需要通过修改源代码来实现，如何解决？下一节将介绍通过 web.xml 文件来配置 Servlet 类的相关参数。

5.6　在 web.xml 中配置 Servlet

本节讲解 Java Web 应用中 web.xml 的作用，以及在 web.xml 中配置 Servlet 及其参数的方法，并通过例程 5-6 进行举例。

5.6.1　在 web.xml 文件中配置 Servlet

web.xml 叫作部署描述文件，在 Servlet 规范中定义，是 Web 应用的配置文件。web.xml 的模式（Schema）文件中定义了多种标签元素，可以使用这些在模式文件中定义的标签元素，并拥有相应的功能。web.xml 的模式文件是由 Sun 公司定义的，每个 web.xml 文件的根元素是 <web-app> 标签，在该标签中必须标明这个 web.xml 使用的是哪个模式文件。注意：如果 web.xml 文件中的标签有拼写错误（区分大小写）或其他错误，Web 应用将无法启动。在 JSP 项目创建向导上可选择是否为项目生成 web.xml 文件，其设置界面如图 5-10 所示。

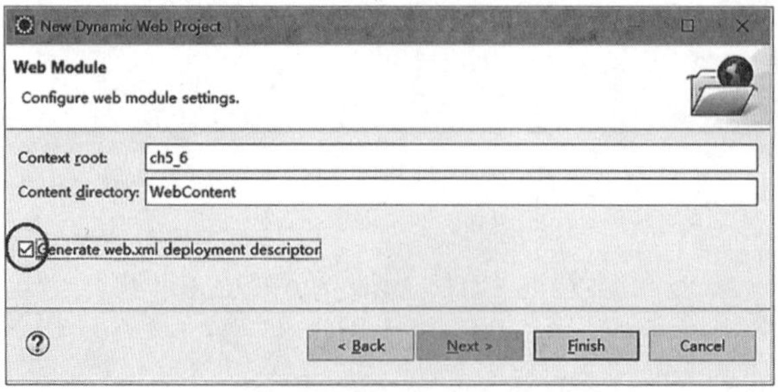

图 5-10

在 Project Explorer 中如图 5-11 所示的位置可以看到生成的 web.xml。

Servlet3.0 之前的版本不支持使用注解来配置 Servlet，只能在 web. xml 中来配置 Servlet。为了使 JSP 引擎能够使用 Servlet 字节码文件创建对象来响应应用用户的请求，必须在 web.xml 文件中对 Servlet 进行如下配置：第 1 步，使用 <servlet> 标签定义 servlet 对象；第 2 步，使用 <servlet-mapping> 建立 servlet 对象与 URL 之间的映射。

图 5-11

下面是在例程 5-6 的 web.xml 文件中配置 Servlet 的代码。

```
<servlet>
    <servlet-name>servlet5_6</servlet-name>
    <servlet-class>ch5.servlets.Servlet5_6</servlet-class>
</servlet>
<servlet-mapping>
    <servlet-name>servlet5_6</servlet-name>
    <url-pattern>/login</url-pattern>
</servlet-mapping>
```

在上面的配置举例中，<servlet> 标签定义了一个类型为"ch5.servlets.Servlet5_6"、名为"servlet5_6"的 servlet 对象，并使用 <servlet-mapping> 标签为名为"servlet5_6"的 servlet 对象与访问地址"login"之间建立映射。即当客户端访问当前 Web 应用的"login"资源时，由类型为"ch5.servlets.Servlet5_6"、名为"servlet5_6"的 servlet 对象提供响应。上述在 web.xml 中 servlet 配置信息的作用等价于如下注解。

```
@WebServlet(name="servlet5_6",urlPatterns={"/login"})
public class Servlet5_6 extends HttpServlet {...}
```

注意：@WebServlet 注解的配置信息不能与 web.xml 文件中的配置信息冲突。

5.6.2 在 web.xml 文件中配置 Servlet 参数

下面通过例程 5-6 讲解在 web.xml 文件中配置 Servlet 参数的方法。例程 5-6 与例程 5-5 基本相同，不同的是例程 5-6 使用 web.xml 配置 servlet 及其相关参数。其 web.xml 配置文件如下：

```
web.xml（例程5-6）
<?xml version="1.0" encoding="UTF-8"?>
<web-app xmlns:xsi="http://www.w3.org/2001/XMLSchema-instance"
xmlns="http://xmlns.jcp.org/xml/ns/javaee"
xsi:schemaLocation="http://xmlns.jcp.org/xml/ns/javaee
http://xmlns.jcp.org/xml/ns/javaee/web-app_3_1.xsd" id="WebApp_ID"
version="3.1">
```

```
<display-name>ch5_6</display-name>
<welcome-file-list>
  <welcome-file>index.jsp</welcome-file>
</welcome-file-list>
<servlet>
            <servlet-name>servlet5_6</servlet-name>
            <servlet-class>ch5.servlets.LoginServlet5_6</servlet-class>
            <init-param>
                <param-name>successpage</param-name>
                <param-value>example5_6success.jsp</param-value>
            </init-param>
            <init-param>
                <param-name>inputpage</param-name>
                <param-value>example5_6input.jsp</param-value>
            </init-param>
</servlet>
<servlet-mapping>
            <servlet-name>servlet5_6</servlet-name>
            <url-pattern>/login</url-pattern>
</servlet-mapping>
</web-app>
```

如例程 5-6 中 web.xml 配置代码所示，servlet 的参数信息采用 <init-param> 标签进行配置，其中 <param-name> 标签用于指定参数名称，<param-value> 标签用于指定相应的参数值。

在 Servlet 类中读取在 web.xml 中配置的 servlet 参数的方法与读取 @WebServlet 注解中配置的参数的方法相同，即在 Servlet 类的 init 方法中，使用 ServletConfig 类型的参数 config 读取相关参数信息。

例程 5-6 的设计细节与运行效果请参见本节微课教学视频。

5.7　url-pattern 匹配规则

本节讲解 url-pattern 的匹配规则，url-pattern 匹配规则包括精确匹配、路径匹配、扩展名匹配和缺省匹配等。

（1）精确匹配，下面的 url-pattern 为精确匹配的例子。

```
<servlet-mapping>
    <servlet-name>teacheronly</servlet-name>
    <url-pattern>/teacher/page1.jsp</url-pattern>
```

```
    <url-pattern>/teacher/page2.jsp</url-pattern>
</servlet-mapping>
```

根据上面的匹配信息，下列 URL 都会与该 servlet 匹配。

```
http://localhost:8080/ch5_7/teacher/page1.jsp
http://localhost:8080/ch5_7/teacher/page2.jsp
```

另外，上述 URL 后面跟上参数也会被 url-pattern 正确匹配，如：

```
http://localhost:8080/ch5_7/teacher/page1.jsp?tname=yuan
```

（2）路径匹配，下面的 url-pattern 为路径匹配的例子。

```
<servlet-mapping>
    <servlet-name>teacheronly</servlet-name>
    <url-pattern>/teacher/*</url-pattern>
</servlet-mapping>
```

根据上面的匹配信息，路径以 /teacher/ 开始的 URL 都会与该 servlet 匹配，如下面的 URL。

```
http://localhost:8080/ch5_7/teacher/page1.jsp
http://localhost:8080/ch5_7/teacher/page2.jsp
```

同样，上述 URL 后面跟上参数也会被 url-pattern 正确匹配，如：

```
http://localhost:8080/ch5_7/teacher/page1.jsp?tname=yuan
```

（3）扩展名匹配，下面的 url-pattern 为扩展名匹配的例子。

```
<servlet-mapping>
    <servlet-name>teacheronly</servlet-name>
    <url-pattern>*.jsp</url-pattern>
</servlet-mapping>
```

根据上面的匹配信息，任何扩展名为 jsp 的 URL 请求都会与该 servlet 匹配，如下面的 URL。

```
http://localhost:8080/ch5_7/teacher/page1.jsp
```

（4）缺省匹配，下面的 url-pattern 为缺省匹配的例子。

```
<servlet-mapping>
    <servlet-name>teacheronly</servlet-name><url-pattern>/</url-pattern>
</servlet-mapping>
```

当一个 URL 匹配多个 url-pattern 的时候，其匹配顺序从前往后为精确匹配、路径匹配、最长路径优先匹配、扩展名匹配和缺省匹配。

注意：路径匹配和扩展名匹配不能同时设置，如下面的 url-pattern 是非法的。

<url-pattern>/teacher/*.jsp </url-pattern>

例程 5-7 定义了 4 个 Servlet 类并创建了相应的 serlvet 对象，在 web.xml 配置中，它们的 url-pattern 如表 5-2 所示。

表 5-2

servlet 对象	url-pattern
servlet1	/hello
servlet2	/bbs/admin
servlet3	/bbs/*
servlet4	*.jsp

相应的 URL 与实际访问的 servlet 对象之间的关系如表 5-3 所示。

表 5-3

访问的 URL	实际访问的 servlet
hello	servlet1
bbs/admin/login	servlet2
bbs/admin/index.jsp	servlet2
bbs/display	servlet3
bbs/index.jsp	servlet3
bbs	servlet3
index.jsp	servlet4
hello/index.jsp	servlet4

例程 5-7 的具体代码与配置以及实际运行效果请参见本节微课教学视频。

5.8 应用级参数的配置与读取

本节讲解在 web.xml 文件中配置 Web 应用级参数以及在 Servlet 中读取应用级参数的方法，并通过例程 5-8 进行举例。

5.8.1 应用级参数的配置

在 Java Web 应用开发中，有时需要将应用级参数，如数据库连接 URL、数据库用户名和密码等配置在 web.xml 中，以便以后进行修改。

在 web.xml 中使用 <context-param> 标签配置应用级参数，其中 <param-name> 标签用于配置参数名，<param-value> 标签用于配置相应的参数值。下面给出例程 5-8 中 web.xml 文件的内容。

```
<?xml version="1.0" encoding="UTF-8"?>
<web-app xmlns:xsi="http://www.w3.org/2001/XMLSchema-instance"
xmlns="http://xmlns.jcp.org/xml/ns/javaee"
xsi:schemaLocation="http://xmlns.jcp.org/xml/ns/javaee
```

```
    http://xmlns.jcp.org/xml/ns/javaee/web-app_3_1.xsd" id="WebApp_ID"
    version="3.1">
      <display-name>ch5_8</display-name>
      <welcome-file-list>
        <welcome-file>index.html</welcome-file>
        <welcome-file>index.htm</welcome-file>
        <welcome-file>index.jsp</welcome-file>
        <welcome-file>default.html</welcome-file>
        <welcome-file>default.htm</welcome-file>
        <welcome-file>default.jsp</welcome-file>
      </welcome-file-list>
      <context-param>
        <param-name>url</param-name>
        <param-value>jdbc:mysql://localhost:3306/test</param-value>
      </context-param>
      <context-param>
        <param-name>userid</param-name>
        <param-value>admin</param-value>
      </context-param>
      <context-param>
        <param-name>pwd</param-name>
        <param-value>12345</param-value>
      </context-param>
      <servlet>
        <servlet-name>testservlet</servlet-name>
        <servlet-class>ch5_8.servlets.TestServlet</servlet-class>
      </servlet>
      <servlet-mapping>
        <servlet-name>testservlet</servlet-name>
        <url-pattern>/readParamInServlet</url-pattern>
      </servlet-mapping>
    </web-app>
```

上面的 web.xml 配置文件配置了 3 个应用级参数，其参数名和参数值如表 5-4 所示。

表 5-4

参数名	参数值
url	jdbc:mysql://localhost:3306/test
userid	admin
pwd	12345

5.8.2 应用级参数的读取

在 JSP 页面中，可以使用 application 对象的如下方法来读取在 web.xml 中设置的应用级
参数。

String getInitParameter(String para)

例程 5-8 的 index.jsp 使用 application 的 getInitParameter 方法读取在 web.xml 文件中配
置的应用级参数，具体代码如下：

index.jsp（例程5-8）

```
<%@ page language="java" contentType="text/html; charset=UTF-8"
    pageEncoding="UTF-8"%><!DOCTYPE html>
<html><head><meta charset="UTF-8"><title>Insert title here</title></head>
<body><%

String url = application.getInitParameter("url");
String userid = application.getInitParameter("userid");
String pwd = application.getInitParameter("pwd");

%>
url:<font color="red"><%=url %></font>><br>
userid:<font color="red"><%=userid %></font><br>
pwd:<font color="red"><%=pwd %></font><br>
<a href="readParamInServlet">Servlet</a></body></html>
```

在 Servlet 的代码中要获取应用级参数，要先用 request.getServletContext 方法获取当前
应用程序对象，然后用应用程序对象的 getInitParameter 方法读取在 web.xml 中设置的应用
级参数。例程 5-8 的 TestServlet 中使用上述方法读取相关应用级参数，具体代码如下：

TestServlet.java（例程5-8）

```
package ch5_8.servlets;
import java.io.IOException;
import java.io.PrintWriter;
import javax.servlet.ServletContext;
import javax.servlet.ServletException;
import javax.servlet.annotation.WebServlet;
import javax.servlet.http.HttpServlet;
import javax.servlet.http.HttpServletRequest;
import javax.servlet.http.HttpServletResponse;
public class TestServlet extends HttpServlet {
    private static final long serialVersionUID = 1L;
    public TestServlet() {              super();              }
    protected void doGet(HttpServletRequest request,
```

```
        HttpServletResponse response) throws ServletException, IOException {
        //获取当前应用程序对象(等价于JSP页面的application)
        ServletContext app = request.getServletContext();
        String url = app.getInitParameter("url");          //读取参数
        String userid = app.getInitParameter("userid");//读取参数
        String pwd = app.getInitParameter("pwd");          //读取参数
        PrintWriter out = response.getWriter();
        out.write("<html><body>url:<font color='red'>"+url+"</font><br>");
        out.write("userid:<font color='red'>"+userid+"</font><br>");
        out.write("pwd:<font color='red'>"+pwd);
        out.write("</font><br></body></html>");
    }
    protected void doPost(HttpServletRequest request,
        HttpServletResponse response) throws ServletException, IOException {
            doGet(request, response);
    }
}
```

访问 TestServlet 类对象的效果如图 5-12 所示，例程 5-8 的具体代码与配置以及实际运行效果请参见本节微课教学视频。

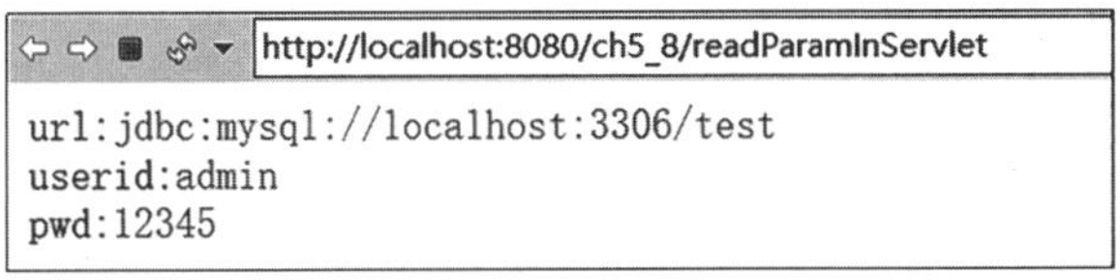

```
← → ■ ⌗ ▾  http://localhost:8080/ch5_8/readParamInServlet
url:jdbc:mysql://localhost:3306/test
userid:admin
pwd:12345
```

图 5-12

5.9　章节练习

一、单选题

1. 创建 JSP 应用程序时，配置文件 web.xml 应该在程序下的（　　　）目录中。

A. WebRoot　　　　　　　B. admin　　　　　　　C. servlet　　　　　　　D. WEB-INF

2. 下列 servlet 方法中，第一次调用才会执行的方法是（　　　）。

A. service　　　　　　　B. destroy　　　　　　　C. getservletconfig　　　　D. init

3. 能够直接从 servletconfig 对象获得的参数是（　　　）。

A. web.xml 配置文件为该 servlet 配置的参数

B. web.xml 所有的 servlet 都能获得的参数

C. 页面传递来的参数

D. session 里设置的参数

4. 在 Web 项目中，如果我们需要增加一个自己定义的类文件，那么对于一个已经编译好的类文件，我们应该把包含这些类文件的包拷贝到项目对应的虚拟目录中的（　　　）文件夹下。

A. WEB-INF/ B. WEB-INF/config

C. WEB-INF/classes D. WEB-INF/lib

5. 在 JSP 中，（　　　）类的（　　　）方法用于返回应用程序的虚拟路径。

A. ServletContext getContextPath()

B. HttpServletRequset getPathInfo()

C. HttpServletRequest getContextPath()

D. ServletContext getPathInfo()

6. 用于获取 Servlet 初始化参数的类是（　　　）。

A. request B. response C. ServletConfig D. ServletContext

7. 下列有关 JSP 和 Servlet 的关系描述中，正确的是（　　　）。

A. JSP 会被翻译成 Servlet B. Servlet 就是 JSP

C. 继承关系 D. 没有关系，因为前者是页面，后者是 Java 类

8. 部署 Servlet 需要在部署描述文件中添加（　　　）两个元素。

A. <servlet>、<servlet-config> B. <servlet-name>、<url-pattern>

C. <servlet>、<servlet-mapping> D. <servlet-class>、<servlet-mapping>

9. 为使客户端表单能够以 "login.do" 为地址向某个 Servlet 类的对象发送请求，则在声明该类时需要使用的标注语句是（　　　）。

A. @WebServlet("login.do")

B. @WebServlet("/login.do")

C. @WebServlet(urlPatterns{"login.do","login.action"})

D. @WebServlet(/login.do)

10. 下列关于使用注解配置 Servlet 的描述中，错误的是（　　　）。

A. 可以为 Servlet 配置多个 url-pattern

B. 必须指定 Servlet 类的对象名

C. value 属性和 urlpatterns 属性作用相同

D. 可以配置多个初始化参数

二、简答题

1. Servlet 和 JSP 页面有什么区别？

2. 试着说一说一个 servlet 对象向一个 JSP 页面传递用户级数据有哪些方法？

三、编程题

1. 编写 2 个 JSP 页面——inputdata.jsp 和 showresult.jsp，将这 2 个 JSP 页面保存在同一个 Web 服务目录中。inputdata.jsp 提供一个表单，用户通过表单输入圆柱体的底圆半径和高，并把数据提交给一个访问地址为 "calcservice" 的 servlet，calcservice 接收并检查客户端提交的数据，若数据不缺失，则让客户端跳转回 inputdata.jsp，否则计算圆柱体的表面积和体积，并调用 showresult.jsp 显示计算结果。

2. 编写 2 个 JSP 页面——input.jsp 和 success.jsp，将这 2 个 JSP 页面保存在同一个 Web 服务目录中。input.jsp 提供登录输入表单，用户通过输入用户名、账号和验证码的输入域（验证码由服务器端随机生成）把数据提交给一个访问地址为 "loginservice" 的 servlet。loginservice 对 input.jsp 提交的数据进行验证，如果输入的账号为 "admin"、密码为 "123456"，且提交的验证码与服务器生成的验证码相同，则跳转至 success.jsp 页面，否则跳转回 input.jsp 页面。

3. 编写一个猜数字游戏程序，该程序有 5 个 JSP 页面——start.jsp、big.jsp、small.jsp、success.jsp 和 failure.jsp，将这 5 个 JSP 页面保存在同一个 Web 服务目录中。该程序还有一个名为 "GuessNum" 的 JavaBean 类，GuessNum 的具体代码如下：

```java
GuessNum.java（练习5-3）
public class GuessNum {
    private int number;          //待猜的数字
    private int yourNumber;      //用户上次猜的数
    private int guessTimes=0;    //用户已猜测的次数
    public int getYourNumber() {return yourNumber;}
    public int getGuessTimes() {return guessTimes;}
    public int getNumber() {  return number;}
    public GuessNum(){
        this.number=(int)(Math.random()*101); //生成待猜的数
    }
    public void incrementGuessTimes() {   //猜测次数计数
        guessTimes++;
    }
    public int compareTo(int n) { //比较用户猜测的数与待猜的数
        yourNumber=n;   //保存用户最后一次猜测的数
        if(n==number)    return 0;
```

```
        else if(n>number) return 1;
        else return -1;
    }
}
```

　　开始猜数页面 start.jsp 创建一个 GuessNum 类的对象并以键值"guessnum"存入 session 域，该页面提供一个让用户输入数字的表单（效果如图 5-13 所示），并把表单数据提交给一个访问地址为"guess.do"的 servlet。

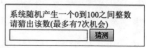

图 5-13

　　访问地址为"guess.do"的 servlet 获取用户提交的数字，并从 session 对象中获取键值为"guessnum"的 GuessNum 类对象，用该对象的 compare 方法获取待猜测的数字与用户提交数字的比较结果，若相等，则让客户端跳转至猜测成功页面 success.jsp，并在 success.jsp 页面使用 useBean 标签和 getProperty 标签显示用户猜测的次数（效果如图 5-14 左边所示）。若没有猜中且猜测次数达到 7 次，则让客户端跳转至猜测失败页面 failure.jsp，并在 failure.jsp 页面使用 useBean 标签和 getProperty 标签显示用户待猜测的数字（效果如图 5-14 右边所示）。若没有猜中且猜测次数未达到 7 次，则根据大小比较结果让客户端跳转至 small.jsp 或 big.jsp。

> 上次你猜测的数是 69，猜中了
> 你已经猜测了 5 次
> 重新开始

> 猜数失败
> 待猜测的数是 69
> 重新开始

图 5-14

　　small.jsp 和 big.jsp 使用 useBean 标签和 getProperty 标签显示用户上次猜测的数、用户已经猜测的次数及相关提示（效果如图 5-15 所示），并提供一个让用户输入数字的表单，并把表单数据提交给访问地址为"guess.do"的 servlet。

> 上次你猜测的数是 50，猜小了
> 你已经猜测了 1 次

> 上次你猜测的数是 75，猜大了
> 你已经猜测了 2 次

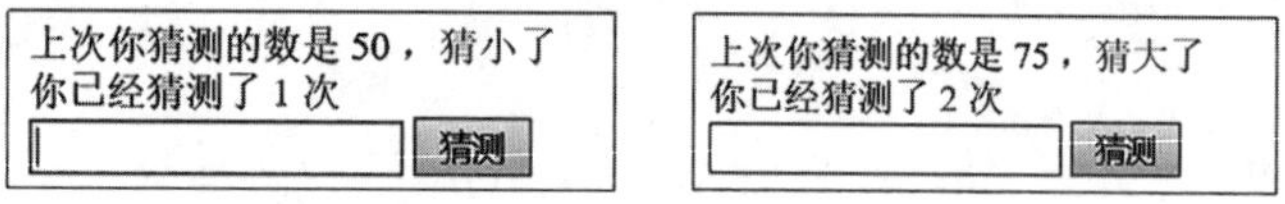

图 5-15

第6章 MVC模式

6.1 Web MVC 基本架构

本节讲解 MVC 和 Java Web MVC 的基本架构，以及在 JSP 中实现 Web MVC 架构的相关技术。

6.1.1 MVC 基本架构

MVC 模式是一种架构模式，帮助我们开发出结构更加合理的软件，能够使流程控制逻辑、业务逻辑调用与展示逻辑相互分离，便于维护。经典 MVC 模型如图 6-1 所示。

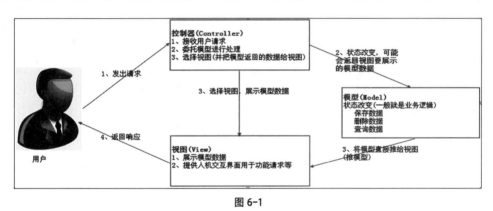

图 6-1

图 6-1 描述了 MVC 架构由三部分组成：Model（模型）、View（视图）和 Controller（控制器）。各部分的角色和功能如下：

（1）Model（模型），即数据模块。模型既表示数据，又提供了数据查询和数据更新等功能。现在比较流行的做法是把数据与行为分离开来：Value Object（数据）和服务层（行为）。

（2）View（视图），即展示模块。它负责进行数据展示的模块，一般就是指用户界面，即客户看到的界面。

（3）Controller（控制器），即控制模块。它接收用户请求，委托模型进行业务处理（改变状态），处理完毕后再把模型数据传递给视图，并调用视图进行数据展示。也就是说，控制器做了一个调度员的工作。

6.1.2 Java Web MVC 基本架构

在 Java Web 应用开发中，MVC 模式由 Servlet+JSP+JavaBean 技术来实现，即控制器采用 Servlet 实现，模型采用 JavaBean 实现，视图采用 JSP 实现。Java Web MVC 模型如图 6-2 所示。

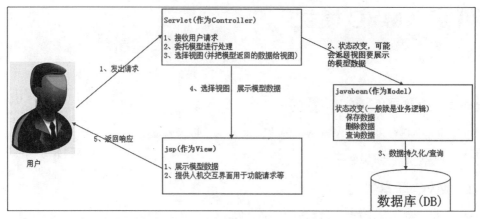

图 6-2

在 Java Web MVC 架构中，在控制器与视图之间传递 bean 的主要方式如图 6-3 所示，即采用 request、session 和 application 等容器对象在控制器与视图之间实现 bean 的传递。

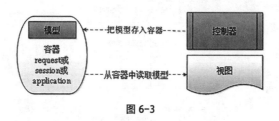

图 6-3

在使用 bean 时，设置 bean 的生命周期实际上是把 bean 存入指定生命周期的容器中。例如，希望某个 bean 的生命周期为 request（或 session、application），则把它存入 request（或 session、application）容器对象中。

6.2　Web MVC 架构实现方法

本节讲解基于 Java Web MVC 架构的登录处理案例（例程 6-1）的设计与实现方法。

6.2.1　Web MVC 架构的登录处理案例设计

正如第 6 章第 1 节所述，Java Web MVC 模式由 Servlet+JSP+JavaBean 技术组合来实现，即控制器采用 Servlet 技术实现，模型采用 JavaBean 技术实现，视图采用 JSP 技术实现，下面通过例程 6-1 进行举例。

例程 6-1 主要包括以下模块。

（1）模型：UserInfo 类和 UserBase 类，分别实现用户登录信息存储、登录业务逻辑等功能。

（2）视图：logininput.jsp、loginsuccess.jsp 和 loginfailure.jsp 这 3 个 JSP 文件，分别实现用户登录界面、登录成功界面、登录失败界面，其中登录成功界面需要展示登录用户的信息。

（3）控制器：LoginServlet 类。主要实现如下功能：获取视图提交的数据，生成模型，调用模型的方法实现业务功能，并调用指定的视图来展示该模型（通过 session 对象实现控制器与视图之间的模型传递）。

例程 6-1 各模块之间的关系如图 6-4 所示。

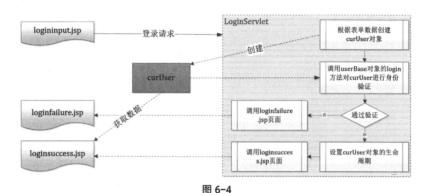

图 6-4

6.2.2　Web MVC 架构的登录处理案例实现

下面介绍基于 Web MVC 架构的登录处理案例中各模块的代码，其中 UserInfo 类和 UserBase 类的代码与例程 5-2 的同名类一样，在此不再赘述。

登录输入页面 logininput.jsp 的具体代码如下：

logininput.jsp（例程6-1）

```
<%@ page language="java" contentType="text/html; charset=UTF-8"
    pageEncoding="UTF-8"%><!DOCTYPE html>
<html><head><title>用户登录</title></head><body><font size="5"><center>
<form action="dologin.action" method="post"><table>
<tr><td width="150">请输入账号:</td>
<td width="400"><input type="text" name="userid" width="150"/></td></tr>
<tr><td>请输入密码:</td>
<td><input type="password" name="password" width="150"/></td></tr>
<tr><td><input type= "reset"   name= "reset"   value="重置"/></td>
<td><input type= "submit"   name= "submit"    value="登录"/></td></tr>
</table></form><hr color="blue"></center></font></body></html>
```

登录失败页面 loginfailure.jsp 的具体代码如下：

loginfailure.jsp（例程6-1）

```
<%@ page language="java" contentType="text/html; charset=UTF-8"
    pageEncoding="UTF-8"%><!DOCTYPE html><html>
<head><title>登录失败</title></head><body><font size="5"><center>
```

```
<%
request.setCharacterEncoding("UTF-8");
String code=request.getParameter("code");
if(code!=null){
    if(code.equals("0")) out.print("<font color='red'>账号不存在！</font>");
    else if(code.equals("1")) out.print("<font color='red'>密码错误！</font>");
}
else{response.sendRedirect("logininput.jsp");}
%>
<a href="logininput.jsp">重新登录</a></center></font></body></html>
```

登录成功页面 loginsuccess.jsp 的具体代码如下：

loginsuccess.jsp（例程6-1）

```
<%@page import="ch6.beans.UserInfo"%>
<%@ page language="java" contentType="text/html; charset=UTF-8"
        pageEncoding="UTF-8"%>
<!DOCTYPE html><html><head><title>系统主界面</title></head>
<jsp:useBean id="curUser" class="ch6.beans.UserInfo" scope="session"/>
<%
if(curUser.getUserid().equals("")){
    response.sendRedirect("logininput.jsp"); return;
}
%>
<body>登录成功<br><hr color="blue">用户账号为：<font color='red'>
<jsp:getProperty property="userid" name="curUser"/></font><br>
用户姓名为：<font color='red'>
<jsp:getProperty property="userName" name="curUser"/>
</font><br></body></html>
```

LoginServlet 的具体代码如下：

LoginServlet.java（例程6-1）

```
package ch6.servlets;
import java.io.IOException;
import javax.servlet.ServletContext;
import javax.servlet.ServletException;
import javax.servlet.annotation.WebServlet;
import javax.servlet.http.HttpServlet;
import javax.servlet.http.HttpServletRequest;
import javax.servlet.http.HttpServletResponse;
```

```
import javax.servlet.http.HttpSession;
import ch6.beans.UserBase;
import ch6.beans.UserInfo;
@WebServlet("/dologin.action")
public class LoginServlet extends HttpServlet {
    private static final long serialVersionUID = 1L;
    private String inputpage = "logininput.jsp";
    private String failurepage = "loginfailure.jsp";
    private String successpage = "loginsuccess.jsp";
    protected void doGet(HttpServletRequest request,
        HttpServletResponse response)  throws ServletException, IOException  {
        request.setCharacterEncoding("utf-8");
        String userid=request.getParameter("userid");
        String pwd = request.getParameter("password");
        if(userid==null || pwd==null){
            response.sendRedirect(inputpage); return;
        }
        UserInfo curUser = new UserInfo();//根据请求参数创建用户账号对象
        curUser.setUserid(userid);   curUser.setPassword(pwd);
        //获取当前用户程序对象app
        ServletContext app = request.getServletContext();
        //从app对象中获取userBase对象
        UserBase userBase = (UserBase)app.getAttribute("UserBase");
        if(userBase==null) { //如果不存在，则创建userBase对象并存入app
            userBase = new UserBase();
            app.setAttribute("UserBase", userBase);
        }
        String result = userBase.login(curUser);
        if(result.equals("2")) {
            HttpSession session = request.getSession();
            session.setAttribute("curUser", curUser);
            response.sendRedirect(successpage);
        }
        else {response.sendRedirect(failurepage+"?code="+result);         }
    }
    protected void doPost(HttpServletRequest request,
        HttpServletResponse response)  throws ServletException, IOException  {
        doGet(request, response);
```

```
    }
  }
```

例程 6-1 的运行效果与例程 5-2 类似，具体代码与实际运行效果请参见本节微课教学视频。

6.3 MVC 模式下 bean 的三层结构

本节讲解 MVC 模式下 bean 的三层结构的基本概念及相关模块的职责与设计方法，并通过例程 6-2 进行举例。

6.3.1 MVC 模式下 bean 的三层结构介绍

在传统的 MVC 模式下，JavaBean 组件类既要负责封装数据，又要进行业务逻辑处理，这样就会导致 JavaBean 组件变得非常大，不利于后期维护。针对这一问题，人们提出了 MVC 模式下 bean 的三层结构，把传统 Web MVC 模式下的 bean 细分为以下三类：实体类（Entity）、业务逻辑类（BLL）、数据访问类（DAL），基本结构如图 6-5 所示。其中实体类负责数据的封装，业务逻辑类负责业务功能的实现，数据访问类实现数据持久化操作。

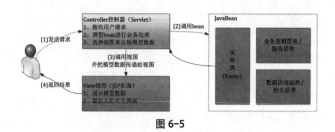

图 6-5

MVC 模式下 bean 三层结构中视图、控制器、实体类、业务逻辑类和数据访问类之间的关系如图 6-6 所示。视图负责实体数据的显现；控制器接收用户请求，调用业务逻辑类实现相应的业务逻辑功能来获得实体数据，再调用相应的视图来显现数据；业务逻辑类负责具体业务逻辑功能，调用数据访问类实现与底层数据库的交互，在此过程中使用实体类来实现模块之间的数据传递。数据访问类与底层数据库打交道，负责为业务逻辑类提供数据持久化支持。

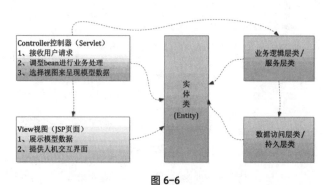

图 6-6

6.3.2　MVC 模式下 bean 的三层结构应用举例

本小节以登录处理为例（例程 6-2），讲解应用 MVC 模式下 bean 的三层结构的设计方法。例程 6-2 中三类 bean 的设计如下。

（1）实体类 User：实现"用户"数据的封装，用于存储用户数据，如账号、密码、用户名、部门等信息，并提供相应的属性访问器和属性修改器。

（2）数据访问类 UserDAL：负责与数据库打交道，实现用户数据持久化功能，主要实现用户数据的持久化基本操作，即 CRUD 操作（Create——新增、Retrieve——查询、Update——更新、Delete——删除）。

（3）业务逻辑类 UserBLL：实现用户业务逻辑功能，如登录验证、修改密码、新增用户、删除用户等业务层操作。

业务逻辑层调用数据访问层实现数据持久化，实体类作为参数实现数据传递。

使用 MVC 模式下 bean 的三层结构的开发顺序如下：数据模型→数据访问类→业务逻辑类→表示层（视图）→控制器。

例程 6-2 中的登录输入页面、登录成功页面和登录失败页面与前面的登录处理案例类似，在此不再赘述。下面重点介绍实体类、业务逻辑类、数据访问类以及控制器的代码。

实体类 User 的代码如下：

```java
User.java（例程6-2）
package beans.entity;
public class User {   //实体类，封装"用户"数据
    private String userid="";
    private String password="";
    private String username="";
    private String deptid="";
    public User(){}
    public String getUserid() {   return userid;}
    public void setUserid(String userid) {this.userid = userid;     }
    public String getPassword() {     return password;   }
    public void setPassword(String password) { this.password = password;    }
    public String getUsername() {   return username;   }
    public void setUsername(String username) { this.username = username; }
    public String getDeptid() {   return deptid; }
    public void setDeptid(String deptid) { this.deptid = deptid; }
}
```

数据访问类 UserDAL 的代码如下：

UserDAL.java（例程6-2）

```java
package beans.dal;
import java.util.ArrayList;
import beans.entity.*;
    public class UserDAL {  //数据访问层主要负责与底层数据库打交道
    //数据列表t_user模拟用户信息表
    private ArrayList<String[]> t_user = new ArrayList<String[]>();
    public UserDAL() {
        //给数据表中增加10个用户信息,表示数据表中已有的用户信息
        for(int i=0;i<10;i++) {
            String[] curRow = new String[4];
            curRow[0]="user"+(i+1);   curRow[1]="pwd"+(i+1);
            curRow[2]="用户"+(i+1);   curRow[3]="06";
            t_user.add(curRow);
        }
    }
    public User fetch(String userid){
        User tempUser = null;
        for(int i=0;i<t_user.size();i++) {
            String[] curRow = (String[])t_user.get(i);
            if(userid.equals(curRow[0])) {
                tempUser = new User();
                tempUser.setUserid(curRow[0]); tempUser.setPassword(curRow[1]);
                tempUser.setUsername(curRow[2]);
                tempUser.setDeptid(curRow[3]);
                break;
            }
        }
        return tempUser;
    }
    public boolean update(User curUser){  //待补充
        try{   return true; //todo:将用户curUser更新到数据表   }
        catch(Exception e){          return false;          }
    }
    public boolean insert(User curUser){ //待补充
        try{    return true;   //todo:从数据表中删除curUser   }
        catch(Exception e){ return false; }
```

```
        }
}
```

业务逻辑类 UserBLL 的代码如下：

UserBLL.java（例程6-2）

```java
package beans.bll;
import beans.entity.*;
import beans.dal.*;
public class UserBLL  {
    //在业务逻辑层中创建并调用数据访问层对象
    UserDAL dalUser = new UserDAL();
    //登录验证，验证通过返回true，否则返回false
    public boolean loginValide(User user){
        //获取指定账号的账户对象
        User tempUser = dalUser.fetch(user.getUserid());
        if(tempUser==null){    return false; } //获取失败
        else{
          if(tempUser.getPassword().equals(user.getPassword())){
             user.setUsername(tempUser.getUsername());
             user.setDeptid(tempUser.getDeptid()); return true;
          }
          else{    return false;    }
        }
    }
    public boolean modifyPWD(User user){    return dalUser.update(user);    }
    public boolean AddNewUser(User user){    return dalUser.insert(user);    }
}
```

控制器 ServletLogin 的代码如下：

ServletLogin.java（例程6-2）

```java
package servlets;
import java.io.IOException;
import javax.servlet.ServletException;
import javax.servlet.annotation.WebServlet;
import javax.servlet.http.HttpServlet;
import javax.servlet.http.HttpServletRequest;
import javax.servlet.http.HttpServletResponse;
import javax.servlet.http.HttpSession;
import beans.bll.UserBLL;
```

```
import beans.entity.User;
@WebServlet("/login.action")
public class ServletLogin extends HttpServlet {
    private static final long serialVersionUID = 1L;
    protected void doGet(HttpServletRequest request,
        HttpServletResponse response) throws ServletException, IOException {
    String userid = request.getParameter("userid");
    String password = request.getParameter("password");
    User curUser = new User(); curUser.setUserid(userid);
    curUser.setPassword(password);
    //在控制器中创建并调用业务逻辑层对象
    UserBLL bllUser = new UserBLL();
    if(bllUser.loginValide(curUser)){
        HttpSession session = request.getSession();
        session.setAttribute("curUser", curUser);
        response.sendRedirect("login_success.jsp");    return;
    }
    else{ response.sendRedirect("login_failure.jsp");    return;   }
    }
}
```

例程 6-2 登录处理案例中各模块的部分引用关系如图 6-7 所示。

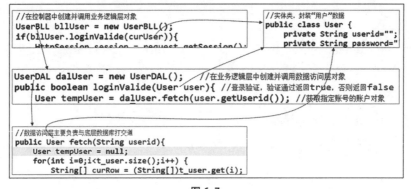

图 6-7

例程 6-2 的运行效果与例程 6-1 类似, 具体设计与实际运行效果请参见本节微课教学视频。

6.4 章节练习

一、单选题

1. 在 Java Web MVC 模式中，模型一般用（ ）实现。

A. Applet   B. JavaBean   C. JSP   D. Servlet

2. 在 Java Web 应用系统的 MVC 设计模式中，（ ）是实现控制器的首选方案。

A. JSP   B. Servlet   C. JavaBean   D. HTML

3. 在 Java Web 开发的 MVC 模式中，M、V、C 分别用（ ）、（ ）、（ ）实现。

A. JSP Servlet JavaBean   B.HTML JavaBean JSP

C. JavaBean JSP Servlet   D. Servlet HTML JSP

4. 下列关于 MVC 模式的说法中，正确的是（ ）。

A. MVC 模式一定可以减少编码量

B. 将显示、流程控制、业务逻辑分开，提高软件的维护性

C. MVC 模式只适用于 B/S 架构

D. 只有 Java 语言才支持 MVC 模式

5. 下面关于 MVC 模式的说法中，错误的是（ ）。

A. M 表示 Model 层，是存储数据的对象

B. V 表示视图层，负责向用户显示外观

C. C 是控制器，负责控制流程

D. 在 MVC 架构中，JSP 页面通常作为控制层

二、简答题

1. MVC 模式中的 M、V、C 分别代表什么？在 JSP 中分别用什么技术实现？

2. 在基于 MVC 模式的 Java Web 应用程序中，Servlet 担负什么角色？它的功能通常是什么？

三、编程题

1. 在例程 6-1 的基础上进行修改，加入验证码功能。

2. 完成例程 6-2。

3. 用 MVC 模式实现例程 4-5（留言板案例），请根据案例需求自行设计相关的 JavaBean 类和 Servlet 类。

4. 编写 2 个 JSP 页面——inputdata.jsp 和 showresult.jsp，将这 2 个 JSP 页面保存在同一个 Web 服务目录中。inputdata.jsp 提供一个表单，用户通过表单输入圆柱体的高和底圆的半径，并把数据提交给一个访问地址为 "/calcservice" 的 servlet。该 servlet 接收并检查客户端提交的数据。若提交的数据有缺失，则让客户端转回 inputdata.jsp，否则利用一个 bean 存储

圆柱体的信息，并调用 showresult.jsp 显示计算结果。showresult.jsp 使用 getProperty 标签显示圆柱体的表面积和体积。

5. 编写 2 个 JSP 页面——input.jsp 和 showuserinfo.jsp，将这 2 个 JSP 页面保存在同一个 Web 服务目录中。input.jsp 提供用于用户注册的表单，表单中包括用于输入用户账号、用户密码、重复密码、昵称、性别、出生日期等信息的输入域。input.jsp 把数据提交给一个地址为 "/regservice" 的 servlet。该 servlet 对 input.jsp 提交的数据进行验证，如果数据有缺失或两个密码不一致，则让客户端跳回 input.jsp，否则利用一个 bean 存储用户的注册信息，并调用 showuserinfo.jsp 显示用户的注册信息。showuserinfo.jsp 使用 useBean 标签和 getProperty 标签显示用户的注册信息。

第7章 数据库访问技术

7.1 数据库管理系统与 SQL 语句

本节讲解数据库管理系统的基本概念、Miscosoft SQL Server 的基本制作、常用 SQL 语句的语法和功能，以及使用程序确保能连接 Miscosoft SQL Server 数据库的相关设置。

7.1.1 数据库管理系统介绍

（1）数据库概述。

数据库是按照数据结构来组织、存储和管理数据的仓库，用户可以方便地对数据库的数据进行增、删、改、查等操作。

关系型数据库把一些复杂的数据结构归结为简单的二元关系。由关系数据结构组成的数据库系统被称为关系型数据库系统。目前关系型数据库仍然是主流的数据库。

数据库管理系统（Database Management System，DBMS）是一种操纵和管理数据库的大型软件，用于建立、使用和维护数据库。

（2）常用的 DBMS。

Oracle 是甲骨文公司开发的一款关系型数据库管理系统，在数据库领域一直处于领先地位，是目前世界上流行的大型关系型数据库管理系统之一。

MySQL 也是一个关系型数据库管理系统，也属于 Oracle 旗下产品。MySQL 也是流行的关系型数据库管理系统之一，是 Web 应用开发领域最受欢迎的关系型数据库管理系统。

SQL Server 是 Microsoft 公司推出的关系型数据库管理系统，具有使用方便、可伸缩性好、与相关软件集成程度高等优点，是目前 Windows 平台使用最多的关系型数据库管理系统。

（3）SQL Server 数据库管理器的简单使用。

本教材使用的数据库管理系统是 MicroSoft SQL Server 2008，通过在 Windows 系统中执行【开始】→【MicroSoft SQL Server 2008】→【SQL Server Management Studio】命令，打开 SQL Server 数据库管理器，登录成功后的界面如图 7-1 所示。

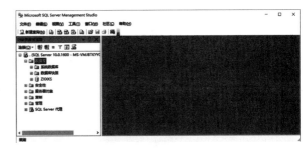

图 7-1

在图 7-1 所示的对象资源管理器的【数据库】节点上右击，在弹出的菜单中执行【新建数据库】命令，系统将显示如图 7-2 所示的【新建数据库】对话框。

图 7-2

在图 7-2 所示的界面中，输入数据库的名称（如 BBS，在后续章节中将以该数据库为例进行讲解），单击【确定】按钮完成数据库的创建。数据库创建完成后的效果如图 7-3 所示。

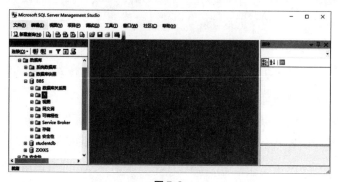

图 7-3

在图 7-3 所示的界面中，在【BBS】数据库节点的【表】节点上右击，在弹出的菜单中执行【新建表 ...】命令，系统将显示如图 7-4 所示的数据库表设计界面。

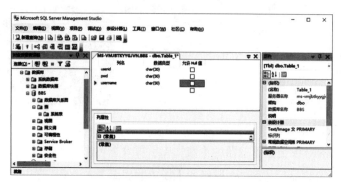

图 7-4

在图 7-4 所示的界面完成数据库表 sysuser 的设计，结构如表 7-1 所示。

表 7-1

字段名	含义	类型	长度	备注
userid	账号	char	20	主键
pwd	密码	char	50	不为空
username	用户名	char	50	不为空

完成数据库表 sysuser 的设计后，就可以在【表】节点下找到该数据库表，右击，在弹出的菜单中执行【编辑前 200 行】命令来打开该数据表，并对表中的数据进行编辑，界面如图 7-5 所示。

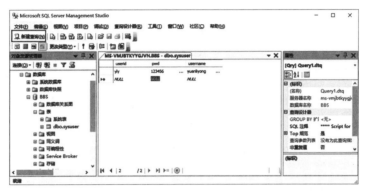

图 7-5

一般很少以如图 7-5 所示的方式对数据库表中的数据进行直接编辑，即使要在后台对数据库表中的数据进行编辑或查询，一般也是采用查询分析器。单击图 7-5 中工具栏上的【新建查询】按钮可打开一个查询分析器，界面如图 7-6 所示。

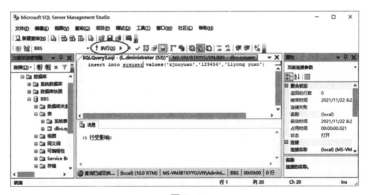

图 7-6

在如图 7-6 所示的查询分析器中，可以输入各种 SQL 语句，单击工具栏上的【执行】按钮可对输入的 SQL 语句进行执行。

7.1.2　常用 SQL 语句介绍

下面讲解常用 SQL 语句的简单使用。

（1）插入记录。

格式：Insert into 表名 values(字段值列表)

实例：Insert into sysuser values('yly', 'yly', 'yuan')

（2）删除记录。

格式：delete from 表名 [where 条件]

实例：delete from sysuser

　　　delete from sysuser where userid='yly'

（3）修改记录。

格式：update 表名 set 字段名 = 字段值 [where 条件]

实例：update sysuser set pwd=userid

　　　update sysuser set pwd='dswybs' where userid = 'yly'

（4）查询记录。

格式：select 字段列表 from 表名 [where 条件][order by 字段列表]

实例：select userid,pwd from sysuser where userid='yly'

　　　select * from sysuser where username like 'y%' order by userid

格式：select 统计函数 from 表名 [where 条件][group by 字段列表]

实例：select count(*) from sysuser where username like 'y%'

7.1.3　使用程序访问 SQL Server 服务器前的设置

为使应用程序能够访问 SQL Server 数据库，需要对 SQL Server 服务器做如下检查或设置。

（1）设置 SQL 数据库服务器的身份验证模式为 "SQL Server 和 Windows 身份验证模式（S）"。

具体操作如下：在 SQL Server 服务管理器中某个服务器节点上右击，在弹出的菜单中执行【服务器属性】命令，系统将显示如图 7-7 所示的界面，在界面左边的选择页中选择【安全性】选项，将右边显示的服务器身份验证改为 "SQL Server 和 Windows 身份验证模式（S）"。该设置需要重新启动数据库服务器才能生效。

图 7-7

（2）对用于连接数据库服务器的账号进行检查与设置。

在 SQL Server 服务管理器中选择【安全性】下面的【登录名】，找到并选中需要使用的登录账号后右击，在弹出的菜单中执行【属性】命令，系统将显示如图 7-8 所示的界面，并按图 7-8 所示的要求完成相关设置。若要修改当前账号的登录密码，则在图 7-8 所示界面中选择【常规】选项，并在相应的密码输入框中输入新的密码。

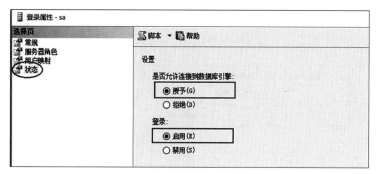

图 7-8

（3）服务器的协议配置。

通过在 Windows 系统中执行【开始】→【MicroSoft SQL Server 2008】→【SQL Server 配置管理器】命令，打开 SQL Server 配置管理器。SQL Server 配置管理器的主界面如图 7-9 所示。在图 7-9 所示界面中分别展开【SQL Native Client 10.0 配置（32 位）】【SQL Server 网络配置】【SQL Native Client 10.0 配置】节点，将其 TCP/IP 协议设置为启动。这样，Web 应用程序就可以通过 TCP/IP 协议来访问该数据库服务器。

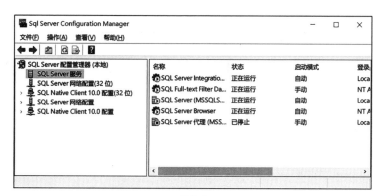

图 7-9

7.2 使用 JDBC 连接数据库

本节讲解 JDBC 接口和 JDBC 驱动程序的基本概念，以及使用 JDBC 操作数据库的一般步骤，并通过例程 7-1 讲解使用 JDBC 连接 SQL Server 数据库的基本方法。

7.2.1 JDBC 基本概念

为了统一对数据库的操作，Sun 公司定义了一套 Java 操作数据库的规范（接口），称为 JDBC（Java DataBase Connectivity）。

JDBC 用于访问数据库的规范由一些 Java 类和接口组成，是 Java 运行平台的核心类库之一。在 Java 中可以使用 JDBC 实现对数据库表的增、删、改、查等操作。应用程序、JDBC 和数据库管理系统之间的关系如图 7-10 所示。

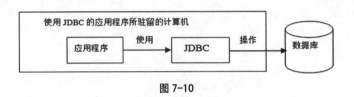

图 7-10

JDBC 由 java.sql 和 javax.sql 两个包组成，开发使用 JDBC 访问数据库的应用除需要以上两个包的支持外，还需要导入相应数据库管理系统的 JDBC 实现，即数据库驱动程序。数据库驱动程序在 Java 程序与数据库管理系统之间建立一条通信的渠道。JDBC 数据库驱动的作用如图 7-11 所示。

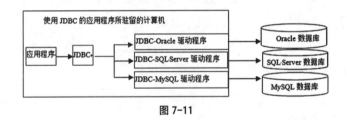

图 7-11

JDBC 驱动程序由数据库管理系统的开发商提供，实现了 JDBC 接口，如 sqljdbc4.jar 是 Mircosoft 公司为 SQL Server 2008 提供的 JDBC 驱动程序。

7.2.2 使用 JDBC 连接 SQL Server 数据库

使用 JDBC 操作数据库的一般步骤如下：①与一个数据库建立连接；②向已连接的数据库发送 SQL 语句；③处理 SQL 语句返回的结果。

使用 JDBC 连接数据库的基本步骤如下：①加载 JDBC- 数据库驱动程序；②与指定的数据库建立连接。

下面通过例程 7-1 讲解使用 JDBC 连接到上一节中在 SQL Server 服务器上创建的 BBS 数据库。

第 1 步，获取与 SQL Server 2008 相匹配的 JDBC 驱动程序包 sqljdbc4.jar。该驱动程序由 Mircosoft 公司免费提供，国内各大软件网站（如 CSDN、太平洋下载等）都可找到。

第 2 步，在 Eclipse 中创建一个名为 "ch7" 的动态 Web 项目。

第 3 步，把数据库驱动包 sqljdbc4.jar 放入 "ch7" 项目的 webcontent/web-inf/lib 目录中。

第4步，在"webcontent"下新建一个"example7_1"文件夹，并在该文件夹中新建一个名为"dbtest.jsp"的 JSP 文件，代码如下：

```jsp
dbtest.jsp（例程7-1）
<%@page import="java.sql.DriverManager"%>
<%@page import="java.sql.Connection"%>
<%@page import="java.sql.SQLException"%>
<%@ page language="java" contentType="text/html; charset=UTF-8"
    pageEncoding="UTF-8"%><!DOCTYPE html>
<html><head><meta charset="UTF-8"><title>连接SQL数据库</title></head>
<body>
<%
String dbdriver = "com.microsoft.sqlserver.jdbc.SQLServerDriver"; //驱动类名
try{
    Class.forName(dbdriver);    //加载数据库驱动
    out.write("数据库驱动加载成功！<br>");
}
catch(Exception e){    out.write("数据库驱动加载失败！<br>");    return;    }
String url = "jdbc:sqlserver://127.0.0.1:1433;DatabaseName=BBS";
String userid = "sa";
String pwd = "sa";
Connection conn = null;    //定义数据库连接变量
try{
    conn = DriverManager.getConnection(url, userid, pwd);
    out.write("获取连接对象成功！ ");
}
catch(SQLException e){
    out.write("获取连接对象失败！ "+e.getMessage()); return;
}
%></body></html>
```

Class 类的 forName 静态方法用于将字符串参数指定的 JDBC 驱动类加载到 Java 虚拟机，使该类能够在当前 JSP 页面中被使用。表 7-2 列出了常用数据库管理系统的 JDBC 驱动类名。

表 7-2

数据库管理系统	JDBC 驱动类名
SQL Server	com.microsoft.jdbc.sqlserver.SQLServerDriver
Oracle	oracle.jdbc.driver.OracleDriver
MySQL	org.gjt.mm.mysql.Driver
Sybase	com.sybase.jdbc.SybDriver

DriverManager 类用来管理程序中所有的数据库驱动，是 JDBC 的管理层。它作用于用户程序和驱动程序之间，跟踪可用的驱动程序，并在数据库与应用程序之间创建连接（对象）。获得连接对象的方法如下：

connection getConnection(String url, String userid, String pwd)

参数 url 表示数据库的连接信息（包含驱动类型、IP 地址、端口号以及数据库名），userid 和 pwd 分别表示用于连接数据库服务器的账号和密码。

运行例程 7-1 并访问 dbtest.jsp，如果不出意外，浏览器会显示如图 7-12 所示的效果。

← → ■ ⟳ ▾ http://localhost:8080/ch7/example7_1/dbtest.jsp

数据库驱动加载成功！
获取连接对象成功！

图 7-12

例程 7-1 的实际运行效果请参见本节微课教学视频。

7.3　使用 Statement 类实现记录的增、删、改操作

本节介绍 Statement 类的功能与方法，讲解使用 Statement 类的对象执行 SQL 语句实现对数据表的增、删、改操作，并通过例程 7-2 进行举例。

7.3.1　Statement 类介绍

Statement 是 Java 执行数据库操作过程中非常重要的一个类，用于在已经建立的数据库连接基础上向数据库服务器发送要执行的 SQL 语句。Statement 类对象主要用于执行不带参数的简单 SQL 语句。获取 Statement 类对象的语法格式如下：

Statement 对象名 = 连接对象 .createStatement();

图 7-13 给出了获取 Statement 对象的一个例子。

```
String url = "jdbc:sqlserver://127.0.0.1:1433;DatabaseName=BBS";
String userid = "sa"; String pwd = "yuan1978";
Connection conn = DriverManager.getConnection(url, userid, pwd);
Statement st = conn.createStatement();
```

图 7-13

Statement 类的 executeUpdate 方法可实现针对数据表的增、删、改操作，其语法格式如下：

int Statement对象名. executeUpdate(String sql);

参数 sql 表示 insert、update、delete 等 SQL 语句，而该方法的返回值表示执行该 SQL 语句后指定数据库表中受影响的记录行数。

7.3.2 使用 Statement 类对象执行 SQL 语句

下面通过例程 7-2 讲解使用 Statement 类对数据库 BBS 中 sysuser 表进行增、删、改操作。

在"ch7"项目的"webcontent"下新建一个"example7_2"文件夹，并在该文件夹中新建 3 个 JSP 文件：inputnewuser.jsp、savenewuser.jsp 和 deleteuser.jsp。例程 7-2 的具体代码如下：

inputnewuser.jsp（例程7-2）

```
<%@ page language="java" contentType="text/html; charset=UTF-8"
    pageEncoding="UTF-8"%><!DOCTYPE html>
<html><head><meta charset="UTF-8"><title>Insert title here</title></head>
<body><form action="savenewuser.jsp">
请输入新用户的账号：<input type="text" name="userid"/><br>
请输入新用户的姓名：<input type="text" name="username"/><br>
<input type="submit" name="submit" value="新增用户"/>
</form></body></html>
```

savenewuser.jsp（例程7-2）

```
<%@page import="java.sql.Statement"%>
<%@page import="java.sql.DriverManager"%>
<%@page import="java.sql.Connection"%>
<%@page import="java.sql.SQLException"%>
<%@ page language="java" contentType="text/html; charset=UTF-8"
    pageEncoding="UTF-8"%><!DOCTYPE html>
<html><head><meta charset="UTF-8"><title>保存数据</title></head><body>
<%
request.setCharacterEncoding("UTF-8");
String userid=request.getParameter("userid");   //yuan
String username=request.getParameter("username");//Yuan li-yong
if(userid==null || username==null){
    response.sendRedirect("inputnewuser.jsp"); return;
}
//构建sql语句，insert into sysuser values('yuan','yuan','Yuan li-yong')
String sql;
sql = "insert into sysuser values('"+userid+"','"+userid+"','"+username+"')";
String dbdriver = "com.microsoft.sqlserver.jdbc.SQLServerDriver"; //驱动类名
try{
    Class.forName(dbdriver);     //加载数据库驱动
    out.write("数据库驱动加载成功！<br>");
}
catch(Exception e){ out.write("数据库驱动加载失败！<br>");   return; }
```

```
String DBURL = "jdbc:sqlserver://127.0.0.1:1433;DatabaseName=BBS";
String DBUSERID = "sa";
String DBPWD = "sa";
Connection conn = null;
try{
    conn = DriverManager.getConnection(DBURL, DBUSERID, DBPWD);
    out.write("获取连接对象成功！<br>");
}
catch(SQLException e){
    out.write("获取连接对象失败！"+e.getMessage()); return;
}
```

```
Statement st = conn.createStatement();//通过连接对象创建Statement类的对象
```
```
try{
```
```
    st.executeUpdate(sql);   //执行sql语句
```
```
}
catch(SQLException e){
    out.write("用户信息添加失败！"+e.getMessage());return;
}
out.write("用户信息添加成功<br>");
%>
<a href="deleteuser.jsp?userid=<%=userid %>">删除账号<%=userid %></a>
</body></html>
```

---

deleteuser.jsp（例程7-2）

```
<%@page import="java.sql.Statement"%>
<%@page import="java.sql.DriverManager"%>
<%@page import="java.sql.Connection"%>
<%@page import="java.sql.SQLException"%>
<%@ page language="java" contentType="text/html; charset=UTF-8"
    pageEncoding="UTF-8"%><!DOCTYPE html>
<html><head><meta charset="UTF-8"><title>删除数据</title></head><body>
<%
request.setCharacterEncoding("UTF-8");
String userid=request.getParameter("userid"); //yuan
if(userid==null){response.sendRedirect("inputnewuser.jsp"); return; }
```
```
//sql语句：delete from sysuser where userid='yuan'
String sql ="delete from sysuser where userid='"+userid+"'";
```
```
String dbdriver = "com.microsoft.sqlserver.jdbc.SQLServerDriver"; //驱动类名
try{
```

```
    Class.forName(dbdriver);      //加载数据库驱动
    out.write("数据库驱动加载成功！<br>");
}
catch(Exception e){   out.write("数据库驱动加载失败！<br>");   return;}
String DBURL = "jdbc:sqlserver://127.0.0.1:1433;DatabaseName=BBS";
String DBUSERID = "sa";
String DBPWD = "sa";
Connection conn = null;
try{
    conn = DriverManager.getConnection(DBURL, DBUSERID, DBPWD);
    out.write("获取连接对象成功！<br>");
}
catch(SQLException e){
    out.write("获取连接对象失败！"+e.getMessage()); return;
}
Statement st = conn.createStatement();//通过连接对象创建Statement类的对象
int n = 0;
try{
    n = st.executeUpdate(sql);//执行sql语句，其返回值为受影响的记录数
}
catch(SQLException e){
    out.write("用户信息删除失败！"+e.getMessage());return;
}
if(n>=1){out.write("用户信息删除成功！");   }
else{out.write("没有用户信息被删除！"); }
%></body></html>
```

从 savenewuser.jsp 和 deleteuser.jsp 可以看到，使用 Statement 类对数据库表进行增、删、改操作时，首先需要通过数据库连接对象获取 Statement 对象，然后调用 Statement 对象的 executeUpdate 方法执行 SQL 语句。在 Java 语言中，SQL 语句用字符串表示，如何根据客户端提交的参数构造 SQL 语句对初学者来说是一个难点。图 7-14 和图 7-15 给出了 SQL 语句的字符串拼接方法。

```
String userid=request.getParameter("userid");  //yuan
String username=request.getParameter("username");//Yuan li-yong
if(userid==null || username==null){
    response.sendRedirect("inputnewuser.jsp"); return;
}//sql语句: insert into sysuser values('yuan','yuan','Yuan li-yong')
String sql = " insert into sysuser "
           + " values('"+userid+"','"+userid+"','"+username+"')";
```

图 7-14

```
String userid=request.getParameter("userid"); //yuan
if(userid==null){
  response.sendRedirect("inputnewuser.jsp"); return;
}//sql语句: delete from sysuser where userid='yuan'
String sql = "delete from sysuser where userid='"+userid+"'";
```

图 7-15

运行项目并访问 inputnewuser.jsp，浏览器会显示如图 7-16 所示的效果。

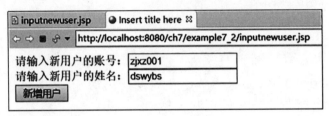

图 7-16

在图 7-16 所示的界面中输入新用户的账号与姓名，单击【新增用户】按钮，浏览器将显示如图 7-17 所示的界面。

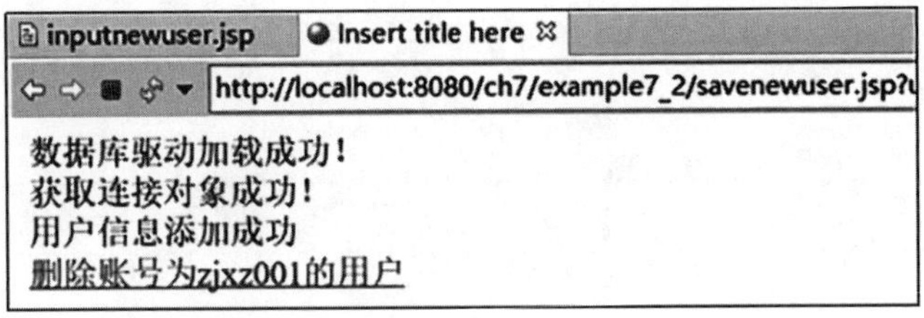

图 7-17

在 SQL Server 数据库管理器中查看 BBS 数据库下的 sysuser 表，可以看到刚刚增加的新用户信息，效果如图 7-18 所示。

结果 消息

	userid	pwd	usemame
1	yly	123456	yuanliyong
2	zjnuyuan	123456	Liyong yuan
3	zjxz001	zjxz001	dswybs

图 7-18

单击图 7-17 中“删除账号为 zjxz001 的用户”超链接，浏览器将显示如图 7-19 所示的界面（数据库表 sysuser 中 userid 字段值为“zjxz001”的记录已经被删除）。

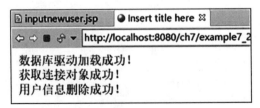

图 7-19

例程 7-2 的具体设计与实际运行效果请参见本节微课教学视频。

7.4　使用 ResultSet 类读取查询结果

本节讲解使用 ResultSet 类读取查询结果的方法，主要包括 ResultSet 类的功能及常用方法，并通过例程 7-3 进行举例。

7.4.1　ResultSet 类介绍

利用 Statement 对象的 executeQuery 方法可以获得 ResultSet 类对象，其语法格式如下：

ResultSet Statement对象名.executeQuery(String sql);

图 7-20 给出了获取 ResultSet 对象的一个例子。

```
String url = "jdbc:sqlserver://127.0.0.1:1433;DatabaseName=BBS";
String userid = "sa"; String pwd = "yuan1978";
Connection conn = DriverManager.getConnection(url, userid, pwd);
Statement st = conn.createStatement();
sql = "select * from sysuser order by userid";
ResultSet rs = st.executeQuery(sql);
```

图 7-20

executeQuery 方法的参数 sql 表示 select 语句，该方法的返回值是一个 ResultSet 类的对象，我们称之为结果集（或记录集），表示查询结果。结果集可以理解为一个存在于内存的数据表，其数据是根据 SQL 语句从一个或多个实际数据库表中提取出的数据，它与实际数据表的关系如图 7-21 所示。

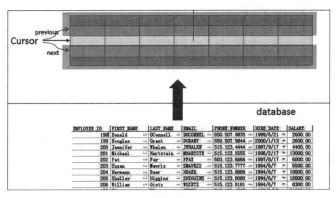

图 7-21

在结果集中有一个被称为"游标"的概念，它指向结果集中的某一条记录。

下面介绍 ResultSet 类的常用方法：

（1）boolean next()。该方法用于将游标向下移动一行，如果下一行有数据，则返回 true；否则返回 false。

（2）String getString（字段名称）。该方法用于读取游标所在行指定字段的值（字符串类型），如：

```
String userid = rs.getString("userid");
```

（3）String getString（字段序号 n）。该方法用于读取游标所在行第 n 个字段的值（字符串类型），如：

```
String userid = rs.getString(1);//第 1 个字段的序号为 1
```

（4）xxx getXxx（字段名称）。该方法用于读取游标所在行指定字段的值（xxx 类型），如：

```
float score = rs.getFloat("score");
int seatCount = rs.getInt("seatCount");
```

（5）xxx getXxx（字段序号 n）。该方法用于读取游标所在行第 n 个字段的值（xxx 类型），如：

```
float score = rs.getFloat(1);
int seatCount = rs.getInt(3);
```

（6）void close()。该方法用于关闭当前记录集对象。

7.4.2 使用 ResultSet 读取查询结果

下面通过例程 7-3 讲解使用 ResultSet 类来读取数据库 BBS 中 sysuser 表中的所有数据。

在 "ch7" 项目的 "webcontent" 下新建一个 "example7_3" 文件夹，并在该文件夹中新建 3 个 JSP 文件：addnewuser.jsp、deleteuser.jsp 和 showalluser.jsp。deleteuser.jsp 与例程 7-2 中的同名文件类似，下面给出 addnewuser.jsp 和 showalluser.jsp 的具体代码。

```
addnewuser.jsp（例程7-3）
<%@page import="java.sql.Statement"%>
<%@page import="java.sql.DriverManager"%>
<%@page import="java.sql.Connection"%>
<%@page import="java.sql.SQLException"%>
<%@ page language="java" contentType="text/html; charset=UTF-8"
    pageEncoding="UTF-8"%><!DOCTYPE html><html>
<head><meta charset="UTF-8"><title>批量新增用户</title></head><body>
<%
request.setCharacterEncoding("UTF-8");
String dbdriver = "com.microsoft.sqlserver.jdbc.SQLServerDriver"; //驱动类名
try{
    Class.forName(dbdriver);    out.write("数据库驱动加载成功！<br>");
}
```

```
    catch(Exception e){ out.write("数据库驱动加载失败！<br>");    return;}
    String DBURL = "jdbc:sqlserver://127.0.0.1:1433;DatabaseName=BBS";
    String DBUSERID = "sa";
    String DBPWD = "sa";
    Connection conn = null;
    try{
        conn = DriverManager.getConnection(DBURL, DBUSERID, DBPWD);
        out.write("获取连接对象成功！<br>");
    }
    catch(SQLException e){out.write("获取连接对象失败！"+e.getMessage());
return;}
    Statement st = conn.createStatement();//通过连接对象创建Statement类的对象
    try{
        for(int i=1;i<=50;i++){
        String sql, userid = "user"+i, username = "用户"+i;
        sql ="insert into sysuser values('"+userid+"','"+userid+"','"+username+"')";
        st.executeUpdate(sql);    //执行sql语句
      }
    }
    catch(SQLException e){
        out.write("用户信息添加失败！"+e.getMessage());return;
    }
    out.write("用户信息添加成功<br>");
%><a href="showalluser.jsp">显示所有账号</a></body></html>
```

showalluser.jsp（例程7-3）

```
<%@page import="java.sql.ResultSet"%>
<%@page import="java.sql.Statement"%>
<%@page import="java.sql.DriverManager"%>
<%@page import="java.sql.Connection"%>
<%@page import="java.sql.SQLException"%>
<%@ page language="java" contentType="text/html; charset=UTF-8"
    pageEncoding="UTF-8"%><!DOCTYPE html><html>
<head><meta charset="UTF-8"><title>显示所有用户</title></head><body>
<%
request.setCharacterEncoding("UTF-8");
String dbdriver = "com.microsoft.sqlserver.jdbc.SQLServerDriver"; //驱动类名
try{   Class.forName(dbdriver);   out.write("数据库驱动加载成功！<br>");   }
catch(Exception e){   out.write("数据库驱动加载失败！<br>");    return; }
```

```
String DBURL = "jdbc:sqlserver://127.0.0.1:1433;DatabaseName=BBS";
String DBUSERID = "sa";
String DBPWD = "sa";
Connection conn = null;
try{
    conn = DriverManager.getConnection(DBURL, DBUSERID, DBPWD);
    out.write("获取连接对象成功！<br>");
}
catch(SQLException e){
    out.write("获取连接对象失败！"+e.getMessage()); return;
}
Statement st = conn.createStatement();
ResultSet rs = null;    //声明一个结果集变量
try{
    String sql = " select * from sysuser order by userid";
    rs = st.executeQuery(sql);    //执行select语句，返回一个结果集对象
}
catch(SQLException e){
    out.write("用户信息添加失败！"+e.getMessage());return;
}
%><table border="1" cellspacing="0" rules="rows">
<tr><th width="200" align="center">账号</th>
<th width="200" align="center">密码</th>
<th width="200" align="center">姓名</th>
<th width="200" align="center">操作</th></tr>
<%
int i=1;
while(rs.next()){    //将游标移动到下一条，若下一条记录存在，则返回true
    String bgcolor="white";
    if(i%2==1) bgcolor="yellow";
    i++;
%><tr bgcolor="<%=bgcolor%>">
<td align="center"><%=rs.getString(1) %></td>
<td align="center"><%=rs.getString(2) %></td>
<td align="center"><%=rs.getString(3) %></td>
<td align="center">
<a href="deleteuser.jsp?userid=<%=rs.getString(1) %>">删除</a>
</td></tr>
```

```
<%}
        rs.close();    //关闭结果集
%></table></body></html>
```

运行项目并访问 addnewuser.jsp，浏览器会显示如图 7-22 所示的效果。

图 7-22

查看数据库表 sysuser，可看到已经新增了 50 条用户信息，在图 7-22 所示的界面中单击"显示所有账号"超链接，浏览器将显示如图 7-23 所示的效果。

账号	密码	姓名	操作
user1	user1	用户1	删除
user10	user10	用户10	删除
user11	user11	用户11	删除
user12	user12	用户12	删除
user13	user13	用户13	删除
user14	user14	用户14	删除
user15	user15	用户15	删除
user16	user16	用户16	删除
user17	user17	用户17	删除
user18	user18	用户18	删除
user19	user19	用户19	删除

图 7-23

单击图 7-23 上某条记录后面的"删除"超链接会执行 deleteuser.jsp，执行效果如图 7-24 所示。查看数据库表 sysuser，可看到前面被选中的记录已经被删除。

图 7-24

例程 7-3 的具体设计与实际运行效果请参见本节微课教学视频。

7.5　可滚动可编辑的 ResultSet 对象

上一节讲解的 ResultSet 对象中的游标只能从上向下逐条记录进行移动，也不可以对结果集中的记录进行修改。本节讲解可滚动可编辑的 ResultSet 对象及相关方法，并通过例程 7-4 进行举例。

7.5.1　可滚动可编辑 ResultSet 对象的获取与相关方法

可滚动可编辑的 ResultSet 对象中的游标可以任意移动，还可以对里面的记录进行修改。ResultSet 类用于移动游标的主要方法如下：

boolean next()	//用于将游标移动到下一条记录
boolean previous()	//用于将游标移动到上一条记录
boolean absolute(int　n)	//用于将游标移动到第n条记录
boolean first()	//用于将游标移动到第一条记录
boolean last()	//用于将游标移动到最后一条记录

下面讲解可滚动可编辑 ResultSet 对象的获取方法。

第 1 步，采用如下方法获得一个 Statement 对象。

Statement　st=conn.createStatement(int type, int concurrency);

参数 type 的可取值及含义如表 7-3 所示。

表 7–3

参数 type 取值	含义
ResultSet.TYPE_FORWARD_ONLY	游标只能向下移动
ResultSet.TYPE_SCROLL_INSENSITIVE	游标上下移动，结果集不敏感
ResultSet.TYPE_SCROLL_SENSITIVE	游标上下移动，结果集敏感

结果集不敏感是指实际数据表的数据改变不实时反映在结果集中，结果集敏感是指实际数据表的数据改变实时反映在结果集中。

参数 concurrency 的可取值及含义如表 7-4 所示。

表 7–4

参数 concurrency 取值	含义
ResultSet.CONCUR_READ_ONLY	不能用结果集更新数据库中的表
ResultSet.CONCUR_UPDATABLE	能用结果集更新数据库中的表

第 2 步，利用该 Statement 对象执行 select 语句来获得 ResultSet 对象。

通过前面介绍的可滚动可编辑 ResultSet 对象的获取方法可以看出，能否获得可滚动可编辑 ResultSet 对象取决于执行 SQL 查询语句的 Statement 对象。

第 3 步，利用可更新更滚动 ResultSet 对象更改、新增、删除数据。

下面介绍利用 ResultSet 类更改、新增、删除数据的具体方法。

（1）ResultSet 类用于数据更改的方法如下：

void updateXxx(int fieldNo, xxx value)

该方法用于修改游标所在行指定序号字段的值，其中参数 fieldNo 表示字段序号，xxx 表示数据类型，value 表示要设置的值。例如，要将 ResultSet 对象 rs 的当前行（游标所在行）的第 3 个字段设置为字符串 "OK"，可使用 rs.updateString(3, "OK"); 语句。

> void updateXxx(String fieldName, xxx value)

该方法用于修改游标所在行指定名称字段的值，其中参数 fieldName 表示字段名，xxx 表示数据类型，value 表示要设置的值。例如，要将 ResultSet 对象 rs 的当前行的 pwd 字段设置为字符串"123"，可使用 rs.updateString("pwd", "123"); 语句。

> void updaterow()

该方法用于把当前行数据更新至数据库表，如 rs.updaterow();。

（2）ResultSet 类用于数据新增的方法如下：

> moveToInsertRow()

该方法用于把游标移动到新增记录缓存行。

> insertRow()

该方法用于把缓存的新增记录添加到实际的数据库表中。

（3）ResultSet 类用于数据删除的方法如下：

> deleteRow()

该方法用于把当前记录从记录集和数据库中同时删除。

7.5.2　可滚动可编辑 ResultSet 对象的应用

下面通过例程 7-4 讲解可滚动可编辑 ResultSet 的具体使用。

在"ch7"项目的"webcontent"下新建一个"example7_4"文件夹，并在该文件夹中新建两个 JSP 文件：showalluser.jsp 和 updatableresultset.jsp。其中 showalluser.jsp 的代码与例程 7-3 的同名文件相同，updatableresultset.jsp 的具体代码如下：

> updatableresultset.jsp（例程7-4）

```
<%@page import="java.sql.ResultSet"%>
<%@page import="java.sql.Statement"%>
<%@page import="java.sql.DriverManager"%>
<%@page import="java.sql.Connection"%>
<%@page import="java.sql.SQLException"%>
<%@ page language="java" contentType="text/html; charset=UTF-8"
    pageEncoding="UTF-8"%><!DOCTYPE html><html>
<head><meta charset="UTF-8"><title>操作ResultSet</title></head><body>
<%
request.setCharacterEncoding("UTF-8");
String dbdriver = "com.microsoft.sqlserver.jdbc.SQLServerDriver"; //驱动类名
try{ Class.forName(dbdriver);    out.write("数据库驱动加载成功！<br>");}
catch(Exception e){ out.write("数据库驱动加载失败！<br>");    return;}
```

```
String DBURL = "jdbc:sqlserver://127.0.0.1:1433;DatabaseName=BBS";
String DBUSERID = "sa";
String DBPWD = "sa";
Connection conn = null;
try{
    conn = DriverManager.getConnection(DBURL, DBUSERID, DBPWD);
    out.write("获取连接对象成功！<br>");
}
catch(SQLException e){
    out.write("获取连接对象失败！"+e.getMessage()); return;
}
//通过连接对象创建出可获得可滚动可编辑ResultSet对象的Statement对象
Statement st = conn.createStatement(ResultSet.TYPE_SCROLL_SENSITIVE,
                                ResultSet.CONCUR_UPDATABLE);
try{
    String sql = "select * from sysuser where 1=2"; //用于得到空结果集
    ResultSet rs = st.executeQuery(sql);
    for(int i=11;i<=50;i++){            //新增记录
        rs.moveToInsertRow();             //将游标移动到rs的插入缓冲行
        rs.updateString(1, "yuan"+i);   //设置插入缓冲行各字段的值
        rs.updateString(2,"666");
        rs.updateString(3, "Yuan li-yong"+i);
        rs.insertRow();                 //将当前行的数据插入到数据库中
    }
    rs.first();
    do{
        rs.updateString(2,rs.getString(1));    //设置当前行第2个字段的值
        rs.updateRow();     //将当前行的数据更改更新到数据库中
    }
    while(rs.next());
    for(int i=40;i>=1;i=i-5){
        rs.absolute(i);   //定位到第i行
        rs.deleteRow();   //删除当前行，并更新至数据库
    }
    rs.close();
}
catch(SQLException e){
    out.write("出错："+e.getMessage());return;
```

```
    }
    out.write("可滚动可编辑结果集操作成功！<br>");
%><a href="showalluser.jsp">显示所有账号</a></body></html>
```

updatableresultset.jsp 的主要功能如下：使用可滚动可更新 ResultSet 对象新增 40 条记录，然后把这 40 条记录的 pwd 字段设置为与 userid 字段相同，最后删除 40 行记录中行号是 5 的倍数的记录。

运行项目并访问 updatableresultset.jsp，浏览器会显示如图 7-25 所示的效果。

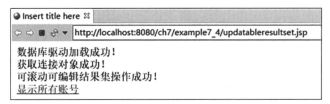

图 7-25

在图 7-25 中单击"显示所有账号"超链接，浏览器将显示如图 7-26 所示的内容。

yuan11	yuan11	Yuan li-yong11	删除
yuan12	yuan12	Yuan li-yong12	删除
yuan13	yuan13	Yuan li-yong13	删除
yuan14	yuan14	Yuan li-yong14	删除
yuan16	yuan16	Yuan li-yong16	删除
yuan17	yuan17	Yuan li-yong17	删除
yuan18	yuan18	Yuan li-yong18	删除
yuan19	yuan19	Yuan li-yong19	删除
yuan21	yuan21	Yuan li-yong21	删除
yuan22	yuan22	Yuan li-yong22	删除
yuan23	yuan23	Yuan li-yong23	删除
yuan24	yuan24	Yuan li-yong24	删除
yuan26	yuan26	Yuan li-yong26	删除
yuan27	yuan27	Yuan li-yong27	删除
yuan28	yuan28	Yuan li-yong28	删除

图 7-26

例程 7-4 的具体设计与实际运行效果请参见本节微课教学视频。

7.6 使用 ResultSet 对象分页显示

本节讲解使用可滚动 ResultSet 对象实现分页显示的设计思路与实现方法，并通过例程 7-5 进行举例。

7.6.1 使用 ResultSet 对象分页显示的设计思路

当查询得到的数据记录很多时，显示全部内容会使查看数据很不方便，也会影响页面显示速度，因此需要对查询到的数据进行分页显示。实现分页显示的技术有很多，使用可滚动 ResultSet 对象实现分页显示是其中之一。

使用可滚动 ResultSet 对象实现数据分页显示功能涉及的关键变量主要有以下几个：①记录总行数 rowCount；②每页显示的记录数 pageSize；③总页数 pageCount = rowCount / pageSize（或再加 1）；④当前要显示的页号 pageNo（从请求中获取）。

使用 ResultSet 对象实现分页显示的基本步骤如下。

第 1 步，获取可滚动的结果集对象 rs。

第 2 步，获得总记录数，方法如下：rs.last(); int rowCount = rs.getrow();。

第 3 步，计算总页数，根据当前页号 pageNo 计算起止记录范围。

第 4 步，显示当前页面的数据，输出选择查看其他页数据的表单。

7.6.2 使用 ResultSet 对象分页显示的代码实现

下面通过例程 7-5 讲解使用可滚动 ResultSet 对象进行分页显示的实现方法。

在"ch7"项目的"webcontent"下新建一个"example7_5"文件夹，并在该文件夹中新建一个 JSP 文件 showalluser.jsp。showalluser.jsp 的具体代码如下：

```jsp
showalluser.jsp（例程7-5）
<%@page import="java.sql.ResultSet"%>
<%@page import="java.sql.Statement"%>
<%@page import="java.sql.DriverManager"%>
<%@page import="java.sql.Connection"%>
<%@page import="java.sql.SQLException"%>
<%@ page language="java" contentType="text/html; charset=UTF-8"
    pageEncoding="UTF-8"%><!DOCTYPE html>
<html><head><meta charset="UTF-8"><title>分页显示</title></head><body>
<%
request.setCharacterEncoding("UTF-8");
String pageid = request.getParameter("pageid"); //获取用户指定的数据页号
if(pageid==null) pageid = "1";
int pageNo=1;     //字符串转数字
try{pageNo = Integer.parseInt(pageid); }catch(Exception e){;}
String dbdriver = "com.microsoft.sqlserver.jdbc.SQLServerDriver"; //驱动类名
try{ Class.forName(dbdriver);      out.write("数据库驱动加载成功！<br>");}
catch(Exception e){ out.write("数据库驱动加载失败！<br>");    return;}
String DBURL = "jdbc:sqlserver://127.0.0.1:1433;DatabaseName=BBS";
String DBUSERID = "sa", DBPWD = "sa";    Connection conn = null;
try{
    conn = DriverManager.getConnection(DBURL, DBUSERID, DBPWD);
    out.write("获取连接对象成功！<br>");
}
catch(SQLException e){
    out.write("获取连接对象失败！"+e.getMessage()); return;
}
//通过连接对象创建出Statement类的对象
```

```
Statement st = conn.createStatement(ResultSet.TYPE_SCROLL_SENSITIVE,
            ResultSet.CONCUR_READ_ONLY);
ResultSet rs = null;    //声明一个结果集变量
try{
    String sql = " select * from sysuser order by userid";
    rs = st.executeQuery(sql);    //执行select语句，返回一个结果集对象
}
catch(SQLException e){
    out.write("用户信息添加失败！"+e.getMessage());return;
}
rs.last();                        //游标移到最后
int rowCount = rs.getRow();       //获得最后记录的序号，该序号就是记录总数
int pageSize = 20;                //每页显示的记录数量
int pageCount = rowCount / pageSize;    //计算总页数
if(rowCount % pageSize!=0) pageCount = pageCount + 1;
%>
<table border="1" cellspacing="0" rules="rows">
<tr><th width="200" align="center">账号</th>
<th width="200" align="center">密码</th>
<th width="200" align="center">姓名</th></tr>
<%
//计算当前页面需要显示的记录范围
int startRow = ((pageNo-1)*20)+1, endRow = pageNo*20;
if(endRow>rowCount) endRow = rowCount;          //考虑最后一页的情况
for(int i=startRow;i<=endRow;i++){ //通过for循环逐行显示数据
    rs.absolute(i); //定位到第i行
    String bgcolor="white"; if(i%2==1) bgcolor="yellow"; //奇数行背景色为黄色
%>
<tr bgcolor="<%=bgcolor%>"><td align="center"><%=rs.getString(1) %></td>
<td align="center"><%=rs.getString(2) %></td>
<td align="center"><%=rs.getString(3) %></td></tr>
<%
    }    rs.close();    //关闭结果集
%>
</table><br><form action="" method="post">
当前显示的是第<%=pageNo %>页数据(每页显示20行)，跳转至第
<select name="pageid">
<%for(int i=1;i<=pageCount;i++){    //生成页号
    if(i==pageNo)
```

```
        out.write("<option value='"+i+"' selected/>"+i);//与当前显示的页一致
      else
        out.write("<option value='"+i+"'/>"+i);
    } %>
</select>页<input type="submit" name="submit" value="跳转"></form>
</body></html>
```

运行项目并访问 showalluser.jsp，浏览器会显示如图 7-27 所示的效果。用户可以选择要跳转至的指定页号，单击【跳转】按钮查看指定页的数据。

账号	密码	姓名
user1	user1	用户1
user10	user10	用户10
user12	user12	用户12
user13	user13	用户13
user14	user14	用户14
user15	user15	用户15
user16	user16	用户16
user17	user17	用户17
user18	user18	用户18
user19	user19	用户19
user2	user2	用户2
user20	user20	用户20
user21	user21	用户21
user22	user22	用户22
user23	user23	用户23
user24	user24	用户24
user25	user25	用户25
user26	user26	用户26
user27	user27	用户27
user28	user28	用户28

数据库驱动加载成功！
获取连接对象成功！

当前显示的是第1页数据(每页显示20行)。跳转至第 1 ∨ 页 跳转

图 7-27

例程 7-5 的具体设计与实际运行效果请参见本节微课教学视频。

7.7 获得 ResultSet 对象的结构信息

本节讲解利用 ResultSetMetaData 类获得 ResultSet 对象的结构信息，并通过例程 7-6 进行举例。

7.7.1 ResultSetMetaData 类

ResultSet 对象不仅包括数据，还包含相关结构信息（如列名、类型等）。这些信息包括在类型为 ResultSetMetaData 的元数据对象中。ResultSetMetaData 结果集元数据对象也是建立在数据库连接的基础上的，与 Statement、ResultSet 对象一样必须在数据库连接开发的情况下使用，如果连接被关闭就不能通过 ResultSetMetaData 对象获得 ResultSet 对象的结构信息。

获得 ResultSet 对象的 ResultSetMetaData 元数据对象的方法如下：

```
ResultSetMetaData metaData = ResultSet对象.getMetaData();
```

ResultSetMetaData 类的常用方法如下：

（1）getColumnCount()，返回当前 ResultSet 对象中的列数。

（2）getColumnName(int n)，获取指定列的名称。

（3）getColumnClassName(int n)，获取指定列的 Java 类型。

（4）getColumnTypeName(int n)，获取指定列的数据库类型。

下面的代码用于显示指定表中相应的字段信息（名称与类型）。

```
//rs中保存了SQL语句"select * from sysuser"的查询结果
ResultSetMetaData metaData = rs.getMetaData();
int cols = metaData.getColumnCount();
for(int i=1;i<=cols;i++){
    out.print("第"+i+"个字段名为："+metaData.getColumnName(i));
    out.print("   ");
    out.print("其类型为:"+metaData.getColumnClassName(i)+"<br>");
}
```

针对数据库 BBS 的 sysuser 表，上面代码的输出结果如图 7-28 所示。

```
第1个字段名为： userid　 其类型为 :java.lang.String
第2个字段名为： pwd　 其类型为 :java.lang.String
第3个字段名为： username　 其类型为 :java.lang.String
```

图 7-28

7.7.2　用获得的结构信息生成 Java 实体类

下面通过例程 7-6 讲解使用 ResultSetMetaData 元数据对象获得数据库 BBS 中 sysuser 表的结构信息，并自动生成实体类 Sysuser 的方法。

在"ch7"项目的"webcontent"下新建一个"example7_6"文件夹，并在该文件夹中新建一个 JSP 文件 generatecode.jsp。generatecode.jsp 的具体代码如下：

```
generatecode.jsp（例程7-6）
<%@page import="java.sql.ResultSetMetaData"%>
<%@page import="java.sql.ResultSet"%>
<%@page import="java.sql.Statement"%>
<%@page import="java.sql.DriverManager"%>
<%@page import="java.sql.Connection"%>
<%@page import="java.sql.SQLException"%>
<%@ page language="java" contentType="text/html; charset=UTF-8"
    pageEncoding="UTF-8"%><!DOCTYPE html><html>
<head><meta charset="UTF-8"><title>获取表结构</title></head><body>
<%
```

```
request.setCharacterEncoding("UTF-8");
String dbdriver = "com.microsoft.sqlserver.jdbc.SQLServerDriver"; //驱动类名
try{    Class.forName(dbdriver);      out.write("数据库驱动加载成功！<br>"); }
catch(Exception e){    out.write("数据库驱动加载失败！<br>");    return; }
String DBURL = "jdbc:sqlserver://127.0.0.1:1433;DatabaseName=BBS";
String DBUSERID = "sa";
String DBPWD = "sa";
Connection conn = null;
try{
    conn = DriverManager.getConnection(DBURL, DBUSERID, DBPWD);
    out.write("获取连接对象成功！<br>");
}
catch(SQLException e){
    out.write("获取连接对象失败！"+e.getMessage()); return;
}
Statement st = conn.createStatement();
ResultSet rs = null;    //声明一个结果集变量
try{
    String sql = " select * from sysuser order by userid";
    rs = st.executeQuery(sql);    //执行select语句，返回一个结果集对象
}
catch(SQLException e){
    out.write("用户信息添加失败！"+e.getMessage());return;
}
ResultSetMetaData metaData = rs.getMetaData();
int cols = metaData.getColumnCount();
for(int i=1;i<=cols;i++){
    out.print("第"+i+"个字段名为："+metaData.getColumnName(i));
    out.print("   ");
    out.print("其类型为:"+metaData.getColumnClassName(i)+"<br>");
}
out.print("<br>根据数据表结构自动生成的实体类代码如下：<br>");
String code = "public class Sysuser{\r\n";
for(int i=1;i<=cols;i++){
    String type = metaData.getColumnClassName(i);
    int p = type.lastIndexOf('.');
    type = type.substring(p+1);
    String fieldname = metaData.getColumnName(i);
```

```
    //属性定义:private 类型 字段名
    code += "\tprivate " + type + " " + fieldname +";\r\n";
    /*属性访问器代码格式
    public  类型   get字段名(){
        return  字段名;
    }
    */
    String tempName =
    fieldname.substring(0,1).toUpperCase()+fieldname.substring(1);
    code += "\tpublic "+type+" get"+tempName+"(){\r\n";
    code += "\t\treturn "+fieldname+";\r\n";
    code += "\t}\r\n";
    /*属性修改器
    public void set字段名(类型 字段名){
        this.字段名 = 字段名;
    }
    */
    code += "\tpublic void set"+tempName+"("+type+" "+fieldname+"){\r\n";
    code += "\t\tthis."+fieldname+"="+fieldname+";\r\n";
    code += "\t}\r\n";
}
code +="}";
rs.close();
%><textarea rows="40" cols="100"><%=code %></textarea></body></html>
```

运行项目并访问 generatecode.jsp，浏览器会显示如图 7-29 所示的效果。

例程 7-6 的具体设计与实际运行效果请参见本节微课教学视频。

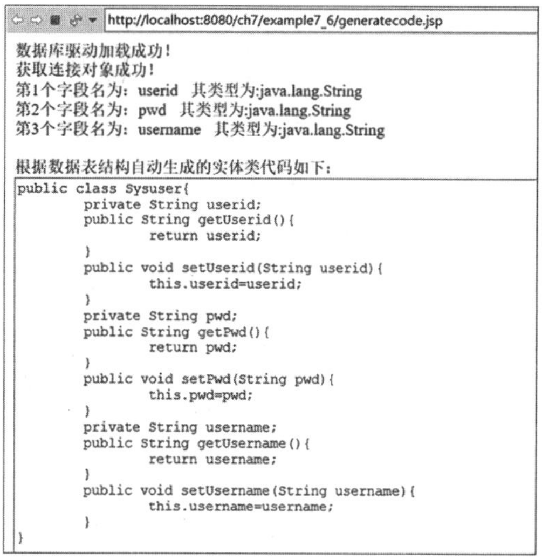

图 7-29

7.8　PreparedStatement 类的使用

本节讲解 SQL 预编译的概念和 PreparedStatement 类，并通过例程 7-7 进行举例。

7.8.1　PreparedStatement 类及其常用方法

PreparedStatement 类被称为"预编译语句"类，能够对 SQL 语句进行预编译。在同一 SQL 语句需要执行多次的情况下，经过预编译的 SQL 语句的执行效率远高于没有进行预编译的 SQL 语句。

什么是 SQL 语句的预编译？当客户发送一条 SQL 语句给服务器后，服务器总是需要校验 SQL 语句的语法格式是否正确，然后把 SQL 语句编译成可执行的函数（数据库管理系统的内部函数），最后才执行 SQL 语句对应的函数序列。有时候，校验语法和编译所花的时间可能比执行 SQL 语句花的时间还要多。如果每次执行的 SQL 语句相同，只是数据不同，则通过 SQL 预编译可以较大地提高执行效率。SQL 预编译功能需要数据库管理系统的支持，目前主流的数据库管理系统都支持 SQL 语句的预编译功能。

PreparedStatement 继承于 Statement，也用于向数据库服务器发送 SQL 语句命令。PreparedStatement 对象保存并执行经过预编译的 SQL 语句，而 Statement 对象则执行原生的 SQL 语句。与 Statement 对象相比，PreparedStatement 对象执行 SQL 语句速度更快。

PreparedStatement 对象中预编译的 SQL 语句（或存储过程）可以包含 0 个或多个参数，在表示 SQL 语句的字符串中参数用"?"表示。另外，PreparedStatement 可以预防常见的 SQL 注入攻击，比 Statement 更加安全。

使用 PreparedStatement 对象执行 SQL 语句一般分为以下 3 个步骤。

第 1 步，获得 PreparedStatement 对象，其语法格式如下：

> PreparedStatement 对象名=连接对象.PrepareStatement(sql);

图 7-30 给出了获取 PreparedStatement 对象的一个例子，其中 SQL 语句中的参数用英文状态的"?"表示。

```
Connection conn=DriverManager.getConnection(url,userid,pwd);
String sql = "insert into sysuser values(?,?,?)";
PreparedStatement pStatement = conn.prepareStatement(sql);
```

图 7-30

第 2 步，为 PreparedStatement 对象中预编译 SQL 语句的参数进行赋值，其语法格式如下：

> PreparedStatement 对象.setXxx(int paramIndex, xxx value);

图 7-31 给出了为预编译 SQL 语句的参数进行赋值的一个例子。

```
PreparedStatement pStatement = conn.prepareStatement(sql);
pStatement.setString(1, "admin");  //账号
pStatement.setString(2, "admin");  //密码
pStatement.setString(3, "管理员");  //姓名
```

图 7-31

第 3 步，调用 PreparedStatement 对象的相关方法执行预编译 SQL 语句。经常使用的方法有以下两个：

> int PreparedStatement 对象.executeUpdate();
>
> ResultSet PreparedStatement 对象名.executeQuery();

学习了 PreparedStatement 类后，读者要尽量使用 PreparedStatement 来执行 SQL 语句，一方面可以获得更高的执行效率，另一方面可以获得更高的安全性，正如前面所述，PreparedStatement 可以有效防止 SQL 注入攻击。

7.8.2　PreparedStatement 类的应用举例

下面通过例程 7-7 讲解使用 PreparedStatement 类以预编译方式执行 SQL 语句的方法。

在"ch7"项目的"webcontent"下新建一个"example7_7"文件夹，并在该文件夹中新建两个 JSP 文件：inputnewuser.jsp 和 savenewuser.jsp。其中 inputnewuser.jsp 的代码与例程 7-2 的同名文件相同。savenewuser.jsp 的具体代码如下：

savenewuser.jsp（例程 7-7）

```jsp
<%@page import="java.sql.PreparedStatement"%>
<%@page import="java.sql.Statement"%>
<%@page import="java.sql.DriverManager"%>
<%@page import="java.sql.Connection"%>
<%@page import="java.sql.SQLException"%>
<%@ page language="java" contentType="text/html; charset=UTF-8"
    pageEncoding="UTF-8"%><!DOCTYPE html>
<html><head><meta charset="UTF-8"><title>SQL 预编译</title></head>
<body><%   request.setCharacterEncoding("UTF-8");
String userid=request.getParameter("userid");   //yuan
String username=request.getParameter("username");//Yuan li-yong
if(userid==null || username==null){
    response.sendRedirect("inputnewuser.jsp"); return;
}
String dbdriver = "com.microsoft.sqlserver.jdbc.SQLServerDriver"; //驱动类名
try{ Class.forName(dbdriver);    out.write("数据库驱动加载成功！<br>");}
catch(Exception e){ out.write("数据库驱动加载失败！<br>");   return;}
String DBURL = "jdbc:sqlserver://127.0.0.1:1433;DatabaseName=BBS";
```

```
String DBUSERID = "sa";
String DBPWD = "sa";
Connection conn = null;
try{
    conn = DriverManager.getConnection(DBURL, DBUSERID, DBPWD);
    out.write("获取连接对象成功！<br>");
}
catch(SQLException e){
    out.write("获取连接对象失败！"+e.getMessage()); return;
}
String sql = "insert into sysuser values(?,?,?)";
PreparedStatement st = conn.prepareStatement(sql);
st.setString(1, userid); st.setString(2, userid); st.setString(3, username);
try{        st.executeUpdate();}    //执行 st
catch(SQLException e){
    out.write("用户信息添加失败！"+e.getMessage());return;
}
out.write("用户信息添加成功<br>");
%><a href="deleteuser.jsp?userid=<%=userid %>">
删除账号为<%=userid %>的用户</a></body></html>
```

例程 7-7 的执行效果与例程 7-2 类似，具体运行效果请参见本节微课教学视频。

7.9　JDBC 事务处理机制

本节讲解事务与事务处理的概念以及在 JDBC 中实现事务处理
的一般方法，并通过例程 7-8 进行举例。

7.9.1　事务与事务处理

事务（Transaction）是操作数据库数据的一个程序执行单元，
一般由多条 SQL 语句组成。例如，银行转账操作（从 A 账户向 B 账户转账 m 元）由 3 个
操作组成：从 A 账户扣除 m 元；向 B 账户存入 m 元；向交易记录表中插入交易记录。为了
保持数据的一致性，需要把这 3 个操作看成一个整体。

所谓"事务处理"，是指应用程序保证事务中的 SQL 语句"要么全部都执行（提交），
要么一个都不执行（回滚）"的一种机制。JDBC 提供了实现事务处理的相关方法，主要方
法如下：

```
void setAutoCommit(boolean autoCommit)          // 关闭事务的自动提交
void commit()                                   // 提交事务
void rollback()                                 // 回滚事务
```

JDBC 进行事务处理的一般步骤如下。

第 1 步，调用连接对象的 setAutoCommit 方法，通过将参数 autoCommit 设置为 false 来关闭事务的自动提交功能，如：

```
conn.setAutoCommit(false);
```

第 2 步，使用 Statement 对象或 PreparedStatement 对象执行增、删、改操作。

第 3 步，调用连接对象的 commit 方法提交事务或调用连接对象的 rollback 方法回滚事务。

JDBC 进行事务处理的一般代码框架如下：

```
conn.setAutoCommit(false)
try{
//执行 SQL 语句实现增、删、改操作
//提交事务，将上述 SQL 语句的操作更新到数据库中，调用 conn.commit()
}catch(SQLException e){
     //若前面 SQL 语句执行错误，则回滚事务，调用 conn.rollback()
}
```

7.9.2　JDBC 事务处理应用举例

下面通过例程 7-8 讲解使用 JDBC 相关方法实现事务处理的过程。

例程 7-8 模拟银行转账操作，在转账过程中，转出账户扣款、转入账户入款以及记录交易日志这 3 个操作从业务上讲应该是一个整体，必须全做或全不做。首先在 SQL Server 数据库管理器中创建名为"Bank"的数据库，并在该数据库中创建名为"account"的账户信息表（结构如表 7-5 所示）和"transcationlog"的交易日志表（结构如表 7-6 所示）。

表 7-5

字段名	含义	类型	长度	备注
Accountid	账号	char	20	主键
money	存款金额	decimal	18.2	不为空

表 7-6

字段名	含义	类型	长度	备注
id	流水号	Int		自增 / 主键
outid	转出账号	char	20	不为空
Inid	转入账号	char	20	不为空
money	用户名	decimal	18.2	不为空
tradetime	交易时间	datetime		不为空

在"ch7"项目的"webcontent"下新建一个"example7_8"文件夹，并在该文件夹中新建两个 JSP 文件：transferinput.jsp 和 dobanktransfer.jsp。例程 7-8 的具体代码如下：

---

transferinput.jsp（例程 7-8）

```jsp
<%@ page language="java" contentType="text/html; charset=UTF-8"
    pageEncoding="UTF-8"%><!DOCTYPE html>
<html><head><meta charset="UTF-8"><title>转账输入</title></head>
<body><form action="dobanktransfer.jsp">
转出账号：<input type="text" name="outid"/><br>
转入账号：<input type="text" name="inid"/><br>
交换金额：<input type="text" name="money"/><br>
<input type="submit" name="submit" value="转账"/>
</form></body></html>
```

---

dobanktransfer.jsp（例程 7-8）

```jsp
<%@page import="java.sql.PreparedStatement"%>
<%@page import="java.sql.Statement"%>
<%@page import="java.sql.DriverManager"%>
<%@page import="java.sql.Connection"%>
<%@page import="java.sql.SQLException"%>
<%@ page language="java" contentType="text/html; charset=UTF-8"
    pageEncoding="UTF-8"%><!DOCTYPE html>
<html><head><meta charset="UTF-8"><title>转账处理</title></head><body>
<%
request.setCharacterEncoding("UTF-8");
String outid=request.getParameter("outid");
String inid=request.getParameter("inid");
String money = request.getParameter("money");
if(outid==null || inid==null || money==null){
    response.sendRedirect("transferinput.jsp"); return;
}
String dbdriver = "com.microsoft.sqlserver.jdbc.SQLServerDriver"; //驱动类名
try{   Class.forName(dbdriver);     out.write("数据库驱动加载成功！<br>");}
catch(Exception e){ out.write("数据库驱动加载失败！<br>");    return;}
String DBURL = "jdbc:sqlserver://127.0.0.1:1433;DatabaseName=Bank";
String DBUSERID = "sa";
String DBPWD = "sa";
Connection conn = null;
try{
   conn = DriverManager.getConnection(DBURL, DBUSERID, DBPWD);
   out.write("获取连接对象成功！<br>");
}
```

```
catch(SQLException e){
    out.write("获取连接对象失败！"+e.getMessage()); return;
}
conn.setAutoCommit(false);    //关闭事务自动提交功能
try{
    Statement st = conn.createStatement();
    String sql = " update account set money=money-"+money
            +" where accountid='"+outid+"'";
    st.executeUpdate(sql);    //转出
    //模拟转出时发生错误
    if(Math.random()>0.8) throw new Exception("转出时发生错误！");
    sql = " update account set money=money+"+money
        +" where accountid='"+inid+"'";
    st.executeUpdate(sql);    //转出
    //模拟转入时发生错误
    if(Math.random()>0.8) throw new Exception("转入时发生错误！");
    sql = " insert into transactionlog values('"+outid+"','"+inid+"',"+money
        +",getdate())";
    st.executeUpdate(sql);    //写交易日志
    //模拟写交易日志时发生错误
    if(Math.random()>0.8) throw new Exception("写交易日志时发生错误！");
    conn.commit();    out.write("转账成功！<br>");    //提交事务
}
catch(Exception e){
    conn.rollback(); out.write("转账失败！"+e.getMessage()+"<br>");return;
}
%></body></html>
```

在运行例程 7-8 之前，先在 account 表中输入若干账号及金额，如图 7-32 所示。

accountid	money
1001	5000.00
1002	2000.00
1003	8000.00
1004	9999.00

图 7-32

运行项目并访问 transferinput.jsp，浏览器会显示如图 7-33 所示的效果。

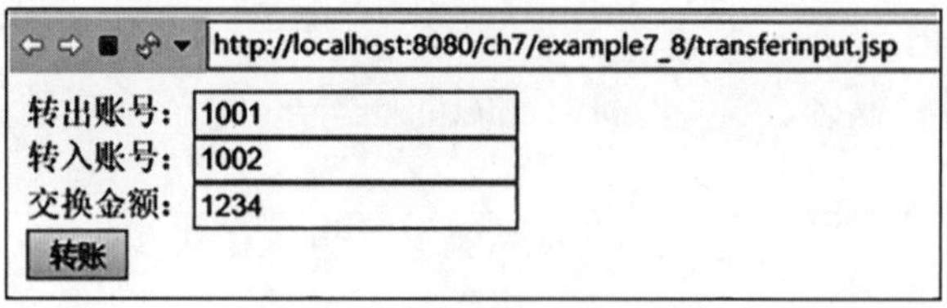

图 7-33

在图 7-33 所示的界面输入相关转账信息后，单击【转账】按钮，若出现如图 7-34 所示的界面，则说明转账事务成功提交，否则转账事务被回滚。

图 7-34

转账成功后查看 account 表和 transactionlog 表，可见如图 7-35 所示的数据。

图 7-35

例程 7-8 的具体设计与实际运行效果请参见本节微课教学视频。

7.10　数据库连接参数配置与读取

本节讲解分别适用于 JSP 环境和 Java 类的数据库连接参数配置与读取方法，并通过例程 7-9 进行举例。

7.10.1　数据库连接参数配置与读取方法

为了提高 Web 应用程序的灵活性，以便后期能够切换至不同的数据库服务器，最好把数据库驱动名、数据库连接 URL、登录账号、密码等信息保存在配置文件中，然后由程序从配置文件中读取相关参数。

（1）适合在 JSP 页面或 Servlet 使用的数据库连接参数配置读取方案。

在 web.xml 文件中配置数据库连接参数，然后在 JSP 页面或 Servlet 中读取数据库连接参数。下面给出一个在 web.xml 文件中配置了数据库连接参数并进行读取的例子。数据库连接参数配置如图 7-36 所示，相应地，在 JSP 页面或 Servlet 中读取数据库连接参数的关键代码如图 7-37 所示。

```
<context-param>
  <param-name>driver</param-name>
  <param-value>com.microsoft.sqlserver.jdbc.SQLServerDriver</param-value>
</context-param>
<context-param>
  <param-name>url</param-name>
  <param-value>jdbc:sqlserver://127.0.0.1:1433;DatabaseName=BBS</param-value>
</context-param>
```

图 7-36

```
String driver = application.getInitParameter("driver");   //读取数据库驱动
String DBURL = application.getInitParameter("url");
String DBUSERID = application.getInitParameter("userid");
String DBPWD = application.getInitParameter("password");
```

图 7-37

（2）适合在 Java 类中使用的数据库连接参数配置读取方案。

在 src 文件夹中创建 properties 配置文件，在 Java 类中利用 Properties 类的对象来读取相关参数。下面给出一个在 properties 文件中配置数据库连接参数并进行读取的例子。数据库连接参数配置如图 7-38 所示，在 Java 类中利用 Properties 类的对象来读取相关参数的相应关键代码如图 7-39 所示。

```
driver=com.microsoft.sqlserver.jdbc.SQLServerDriver
url=jdbc:sqlserver://127.0.0.1:1433;DatabaseName=BBS
userid=sa
password=yuan1978
```

图 7-38

```
//DALSysuser.class.getClassLoader()获得DALSysuser类的装载器
//getResourceAsStream("db.properties")获取src目录下指定文件的输入流
InputStream in =
DALSysuser.class.getClassLoader().getResourceAsStream("db.properties");
Properties prop = new Properties();   //创建Properties类的对象
prop.load(in);                        //将输入流in的内容装载到prop对象中
driver = prop.getProperty("driver");  //获取数据库连接驱动
url = prop.getProperty("url");        //获取数据库连接URL
username = prop.getProperty("userid");//获取数据库连接用户名
password = prop.getProperty("password");//获取数据库连接密码
Class.forName(driver);                //加载数据库驱动
```

图 7-39

properties 配置文件用于保存一些以键值对格式表示的配置信息，其文件名格式为 xxx.properites。如图 7-39 所示，在 Java 类中利用 Properties 类的对象读取相关参数的基本步骤如下：

第 1 步，将配置文件变为输入流。

第 2 步，用 Java 提供的 Properties 类创建对象并加载这个输入流。

第 3 步，调用 Properties 对象的 getPropety 方法读取参数值（字符串型）。

7.10.2　数据库连接参数配置与读取应用举例

下面通过例程 7-9 讲解数据库连接参数的配置与读取方法。

首先在 ch7 项目的 web.xml 信息中添加如图 7-36 所示的应用级参数，然后在项目的 src 文件夹下新建一个名为 "db.properties" 的配置文件，内容如图 7-38 所示。

然后在 src 下创建一个名为 "ch7.dals" 的包，并在该包中创建 DALSysuser 类，具体代码如下：

```
DALSysuser.java（例程 7-9）
package ch7.dals;
import java.io.InputStream;
import java.sql.Connection;
import java.sql.DriverManager;
import java.sql.PreparedStatement;
import java.util.Properties;
public class DALSysuser  {
    private static String driver = null,url=null,username=null,password = null;
    public DALSysuser() throws Exception{
        try{
            InputStream in =DALSysuser.class.getClassLoader().
                                    getResourceAsStream("db.properties");
            Properties prop = new Properties();     //创建 Properties 类的对象
            prop.load(in);                //将输入流 in 的内容装载到 prop 对象中
            driver = prop.getProperty("driver");     //获取数据库连接驱动
            url = prop.getProperty("url");          //获取数据库连接 URL
            username = prop.getProperty("userid");//获取数据库连接用户名
            password = prop.getProperty("password");//获取数据库连接密码
            Class.forName(driver);                      //加载数据库驱动
        }catch (Exception e) { throw e; }
    }
    public boolean delete(String userid)  {
        try {
            String sql = "delete from sysuser where userid=?";
            Connection conn =
                    DriverManager.getConnection(url, username, password);
            PreparedStatement pStatement = conn.prepareStatement(sql);
            pStatement.setString(1, userid); pStatement.executeUpdate();
            return true;
        }
        catch(Exception e) {  return false;   }
    }
}
```

在"ch7"项目的"webcontent"下新建一个"example7_9"文件夹，并在该文件夹中新建两个 JSP 文件：showalluser.jsp 和 deleteuser.jsp。例程 7-9 的具体代码如下：

showalluser.jsp（例程 7-9）

```jsp
<%@page import="java.sql.ResultSet"%>
<%@page import="java.sql.Statement"%>
<%@page import="java.sql.DriverManager"%>
<%@page import="java.sql.Connection"%>
<%@page import="java.sql.SQLException"%>
<%@ page language="java" contentType="text/html; charset=UTF-8"
    pageEncoding="UTF-8"%><!DOCTYPE html>
<html><head><meta charset="UTF-8"><title>显示用户</title></head><body>
<%
    request.setCharacterEncoding("UTF-8");

    String dbdriver = application.getInitParameter("driver"); //驱动类名
    String DBURL = application.getInitParameter("url");
    String DBUSERID = application.getInitParameter("userid");
    String DBPWD = application.getInitParameter("password");

try{
    Class.forName(dbdriver);   out.write("数据库驱动加载成功！<br>");
}
catch(Exception e){ out.write("数据库驱动加载失败！<br>");   return; }
Connection conn = null;
try{
    conn = DriverManager.getConnection(DBURL, DBUSERID, DBPWD);
    out.write("获取连接对象成功！<br>");
}
catch(SQLException e){
    out.write("获取连接对象失败！"+e.getMessage()); return;
}
Statement st = conn.createStatement(); ResultSet rs = null;
try{
    String sql = " select * from sysuser order by userid";
    rs = st.executeQuery(sql);
}
catch(SQLException e){
    out.write("用户信息添加失败！"+e.getMessage());return;
}
%><table border="1" cellspacing="0" rules="rows">
```

```
<tr><th width="200" align="center">账号</th>
<th width="200" align="center">密码</th>
<th width="200" align="center">姓名</th>
<th width="200" align="center">操作</th></tr>
<%
int i=1;
while(rs.next()){   //将游标移动到下一条，若下一条记录存在，则返回 true
    String bgcolor="white";   if(i%2==1) bgcolor="yellow";
    i++;
%><tr bgcolor="<%=bgcolor%>">
<td align="center"><%=rs.getString(1) %></td>
<td align="center"><%=rs.getString(2) %></td>
<td align="center"><%=rs.getString(3) %></td><td align="center">
<a href="deleteuser.jsp?userid=<%=rs.getString(1) %>">删除</a></td></tr>
<%
}
rs.close();   //关闭结果集
%></table></body></html>
```

deleteuser.jsp（例程 7-9）

```
<%@page import="ch7.dals.DALSysuser"%>
<%@page import="java.sql.Statement"%>
<%@page import="java.sql.DriverManager"%>
<%@page import="java.sql.Connection"%>
<%@page import="java.sql.SQLException"%>
<%@ page language="java" contentType="text/html; charset=UTF-8"
    pageEncoding="UTF-8"%><!DOCTYPE html>
<html><head><meta charset="UTF-8"><title>删除用户</title></head><body>
<%
request.setCharacterEncoding("UTF-8");
String userid=request.getParameter("userid");
if(userid==null){response.sendRedirect("showalluser.jsp"); return; }
```
```
DALSysuser dalUser = new DALSysuser();     //创建 User 信息表的 DAL 对象
if(dalUser.delete(userid)){ out.write("用户删除成功！<br>"); }
```
```
else{out.write("<font color='red'>用户删除出错！</font><br>");}
%>
<a href="showalluser.jsp">查看所有用户</a></body></html>
```

例程 7-9 的执行效果与例程 7-3 类似，具体运行效果请参见本节微课教学视频。

7.11　数据库工具类的设计与使用

本节讲解数据库工具类的设计与使用，以简化需要操作数据库的 JSP 文件、Servlet 或 Java 类的设计，并通过例程 7-10 进行举例。

7.11.1　数据库工具类的设计

在前面学习的相关案例中，每个需要操作数据库的 JSP 文件、Servlet 或 Java 类都需要做如下工作：读取数据库连接参数、创建连接对象、创建语句对象、执行语句等。这样的设计存在的主要问题如下：重复编码，增加了编码工作量；代码冗余，造成代码结构不清晰。

针对上述问题，需要设计一个专门完成数据库连接参数读取、连接对象创建、语句对象创建、语句执行等（与具体业务无关）功能的类，这样的类称为数据库操作工具类，主要完成与具体业务无关的 SQL 语句（查询与非查询语句）执行的方法，并提供支持事务处理的版本。

本节要实现的数据库操作工具类主要包括如下成员变量和方法。

（1）静态私有成员变量：数据库连接参数。

（2）静态代码段（加载类时会自动执行，且只会执行一次）：从配置文件中读取数据库连接参数。

（3）获取连接对象的方法。

（4）释放相关资源的方法。

（5）执行 Insert、update、delete 等 SQL 语句且不支持事务的方法。

（6）执行 Insert、update、delete 等 SQL 语句且支持事务的方法。

（7）执行查询 SQL 语句并返回离线状态的记录行集（RowSet 类对象）的方法。

图 7-40 为数据库操作工具类 SQLHelper 的 UML 类图。

SQLHelper	
String driver	//JDBC驱动程序
String url	//数据库连接串
String userid	//用户名
String password	//密码
connection getConnection()	//获得连接对象
void release(Connection conn, Statement st,ResultSet rs)	//释放相关资源
void ExecuteSQL(String sql, Object params[])	//不支持事务版本
void ExecuteSQL(Connection conn,String sql, Object params[])	//支持事务版本
RowSet query(String sql, Object params[])	//返回离线记录集

图 7-40

7.11.2　数据库工具类的使用

下面通过例程 7-10 讲解数据库工具类的设计与使用方法。

首先在 src 下创建一个名为 "ch7.beans.utilty" 的包，在该包中创建 SQLHelper 类。

SQLHelper 类的具体代码如下：

```
SQLHelper.java（例程 7-10）
package ch7.beans.utilty;
import java.io.InputStream;
import java.sql.Connection;
import java.sql.DriverManager;
import java.sql.PreparedStatement;
import java.sql.ResultSet;
import java.sql.SQLException;
import java.sql.Statement;
import java.util.Properties;

import javax.sql.RowSet;
import com.sun.rowset.CachedRowSetImpl;

public class SQLHelper {
    private static String driver = null,url = null, userid = null, password = null;
    static{  //静态代码
        try{//获得 db.properties 文件对应的输入流对象
            InputStream in     = SQLHelper.class.getClassLoader().
                                        getResourceAsStream("db.properties");
            Properties prop = new Properties();        //创建 Properties 类的对象
            prop.load(in);                             //加载配置文件对应的输入流
            driver = prop.getProperty("driver");       //获取数据库连接驱动
            url = prop.getProperty("url");             //获取数据库连接 URL
            userid = prop.getProperty("userid");//获取数据库连接用户名
            password = prop.getProperty("password");//获取数据库连接密码
            Class.forName(driver);                     //加载数据库驱动
        }catch (Exception e) {   throw new ExceptionInInitializerError(e);  }
    }
    //返回连接对象的方法
    public static Connection getConnection() throws SQLException{
        return DriverManager.getConnection(url,userid,password);
    }
    //释放相关资源的方法
    public static void release(Connection conn,Statement st,ResultSet rs){
        if(rs!=null){
            try{       rs.close();   }//关闭负责执行 SQL 命令的 Statement 对象
            catch (Exception e) { e.printStackTrace(); }
        }
```

```
     if(st!=null){
         try{    st.close();}    //关闭负责执行 SQL 命令的 Statement 对象
         catch (Exception e) { e.printStackTrace(); }
     }
     if(conn!=null){
         try{    conn.close(); }   //关闭 Connection 数据库连接对象
         catch (Exception e) {e.printStackTrace(); }
     }
}
//执行 Insert、update、delete 等 SQL 语句，支持事务处理
public static void ExecuteSQL(Connection conn,String sql,Object params[])
                                                throws SQLException{
    PreparedStatement st = null;
    try{
        st = conn.prepareStatement(sql);
        for(int i=0;i<params.length;i++){ st.setObject(i+1, params[i]);   }
        st.executeUpdate();
     }finally{    release(null, st,null);   }
}
//执行 Insert、update、delete 等 SQL 语句，不支持事务
public static void ExecuteSQL(String sql,Object params[])
                                                throws SQLException{
    Connection conn = null; PreparedStatement st = null;
     try{
       conn = getConnection();
       st = conn.prepareStatement(sql);
       for(int i=0;i<params.length;i++){   st.setObject(i+1, params[i]);   }
       st.executeUpdate();
     }finally{ release(conn, st,null); }
}
//执行查询 SQL 语句，返回离线状态的记录行集(RowSet 类的对象
//它与 ResultSet 类似，但需要保持数据库连接)
public static RowSet query(String sql,Object params[])
                                                throws SQLException{
    Connection conn = null; PreparedStatement st = null; ResultSet rs = null;
    try{
       conn = getConnection();
       st = conn.prepareStatement(sql);
       if(params!=null) {   //如果参数不为空，把相关参数加入 st 对象
```

```
            for(int i=0;i<params.length;i++){st.setObject(i+1, params[i]);}
        }
        rs = st.executeQuery();              //先获得 ResultSet 对象
        //不能直接使用 RowSet 需要用它的实现版本 CachedRowSetImpl
        CachedRowSetImpl rowset = new CachedRowSetImpl();
        rowset.populate(rs);//将 rs 内的数据复制到 rowset 对象
        return rowset;
    }finally{   release(conn, st,rs); }
    }
}
```

接下来在"ch7"项目的"webcontent"下新建一个"example7_10"文件夹，并在该文件夹中新建两个 JSP 文件：showalluser.jsp 和 deleteuser.jsp。showalluser.jsp 和 deleteuser.jsp 的具体代码如下：

```
showalluser.jsp（例程 7-10）
<%@page import="ch7.beans.utilty.SQLHelper"%>
<%@page import="javax.sql.RowSet"%>
<%@page import="java.sql.ResultSet"%>
<%@page import="java.sql.Statement"%>
<%@page import="java.sql.DriverManager"%>
<%@page import="java.sql.Connection"%>
<%@page import="java.sql.SQLException"%>
<%@ page language="java" contentType="text/html; charset=UTF-8"
     pageEncoding="UTF-8"%><!DOCTYPE html>
<html><head><meta charset="UTF-8"><title></title></head><body>
<%
String sql = " select * from sysuser order by userid";   RowSet rs=null;
try{
     Object[] param = null; //如果有参数，则将参数转化为 Object 类型的数组
     rs = SQLHelper.query(sql, param);        //调用数据库工具类的方法
}
catch(Exception e){
    out.println("<font color='red'>访问数据库时出错！出错信息：</fo     nt>");
    out.println("<br>"+e.getMessage());   return;
}
%>
<table border="1" cellspacing="0" rules="rows">
<tr><th width="200" align="center">账号</th>
```

```
<th width="200" align="center">密码</th>
<th width="200" align="center">姓名</th>
<th width="200" align="center">操作</th></tr>
<%
int i=1;
while(rs.next()){   //将游标移动到下一条，若下一条记录存在，则返回 true
    String bgcolor="white";    if(i%2==1) bgcolor="yellow";
    i++;
%>
<tr bgcolor="<%=bgcolor%>">
<td align="center"><%=rs.getString(1) %></td>
<td align="center"><%=rs.getString(2) %></td>
<td align="center"><%=rs.getString(3) %></td>
<td align="center">
<a href="deleteuser.jsp?userid=<%=rs.getString(1) %>">删除</a></td></tr>
<%
}
rs.close();   //关闭结果集
%></table></body></html>
```

deleteuser.jsp（例程 7-10）

```
<%@page import="ch7.beans.utilty.SQLHelper"%>
<%@page import="ch7.dals.DALSysuser"%>
<%@page import="java.sql.Statement"%>
<%@page import="java.sql.DriverManager"%>
<%@page import="java.sql.Connection"%>
<%@page import="java.sql.SQLException"%>
<%@ page language="java" contentType="text/html; charset=UTF-8"
    pageEncoding="UTF-8"%><!DOCTYPE html><html>
<head><meta charset="UTF-8"><title>删除用户</title></head><body>
<%
    request.setCharacterEncoding("UTF-8");
    String userid=request.getParameter("userid");
    if(userid==null){response.sendRedirect("showalluser.jsp"); return; }
try{
    String sql="delete from sysuser where userid=?";
    Object[] params={userid};    SQLHelper.ExecuteSQL(sql,params);
    out.write("用户删除成功！<br>");
}
```

```
catch(Exception e){out.write("<font color='red'>用户删除出错!</font><br>");}
%><a href="showalluser.jsp">查看所有用户</a></body></html>
```

从 showalluser.jsp 和 deleteuser.jsp 可以看出,使用了数据库工具类后,重复代码明显变少,程序结构变得更加清晰。

例程 7-10 的执行效果与例程 7-9 类似,具体运行效果请参见本节微课教学视频。

7.12 JDBC 数据库连接池技术

本节介绍数据库连接池的概念和 JDBC DataSource 接口,详细讲解使用 JDBC 连接池技术的方法,并通过例程 7-11 进行举例。

7.12.1 连接池和 DataSource 接口简介

如前面几节所述,传统的数据库访问模式基本采用以下步骤:①在主程序(如 JSP 页面、servlet 或 bean)中建立数据库连接;②进行 sql 操作;③断开数据库连接。这种数据库访问模式存在以下问题:

(1)JDBC 数据库连接通过 DriverManager 来获取,每次向数据库建立连接的时候都要将 Connection 加载到内存中,再验证用户名和密码,比较耗费时间。

(2)主程序在需要数据库连接的时候,就向数据库要一个,执行完成后再断开连接,这样的方式将会消耗大量的资源和时间。若同时有几百人甚至几千人在线,频繁地进行数据库连接操作将占用很多系统资源,严重的甚至会造成服务器的崩溃。

(3)这种开发模式不能控制被创建的连接对象数,系统资源会被毫无顾及地分配出去,若连接过多,也可能导致内存泄漏、服务器崩溃等严重后果。

数据库连接是一种有限的、昂贵的资源,这一点在多用户的 Web 应用程序中体现得尤为突出。针对这个问题,人们提出了数据库连接池技术对数据库连接进行有效管理。

数据库连接池技术的基本思想:在系统初始化的时候将数据库连接作为对象存储在内存中,当用户需要访问数据库时,并非建立一个新的连接,而是从连接池中取出一个已建立的空闲连接对象。使用完毕后,将连接放回连接池中,以供后续使用。而连接的建立、断开都由连接池自身来管理。同时,也可以通过设置连接池的参数来控制连接池中的初始连接数、连接的上下限数以及每个连接的最大使用次数、最大空闲时间等;还可以通过其自身的管理机制来监视数据库连接的数量、使用情况等。

数据库连接池在初始化时将创建一定数量的数据库连接放到连接池中,这些数据库连接的数量是由最小数据库连接数制约的。无论这些数据库连接是否被使用,连接池都将一直保证至少拥有这么多的连接数量。连接池的最大数据库连接数量限定了这个连接池能够占有的最大连接数,当应用程序向连接池请求的连接数超过最大连接数量时,这些请求将被加入等待队列中。

JDBC2.0 引入了数据库连接池技术，即 javax.sql.DataSource。DataSource 通常被称为数据源，包含连接池和连接池管理两个部分，但习惯上经常把 DataSource 称为连接池。DataSource 只是一个接口，该接口通常由数据库服务器提供商提供实现，也有一些开源组织开发了实现 DataSource 接口的数据库连接池类库，如 druid、DBCP、C3P0 等。DataSource 只有两个方法，用于返回一个 DataSource 对象所表示数据源的连接。

> Connection getConnection()
> Connection getConnection(String username, String password)

实际上，DataSource 就是 DriverManager 的一种替代角色，对外呈现就类似于一个 DriverManager，拥有对外提供连接对象的能力。DataSource 中获取的连接来自连接池中，而池中的连接本质上也是从 DriverManager 获取的。从 DriverManager 直接获取连接对象和从连接池获取连接对象的区别如图 7-41 所示。

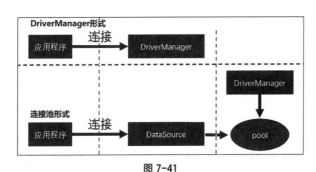

图 7-41

7.12.2　使用 JDBC 连接池

使用 JDBC 连接池技术访问数据库的一般过程如下：①编写连接池配置文件；②创建连接池对象（数据源）；③从连接池中获得数据库连接对象；④使用连接对象后将连接对象放回连接池。下面通过例程 7-11 讲解 JDBC 连接池的使用方法。

第 1 步，编写连接池配置文件。为了让 Tomcat 服务器能够创建连接池，必须编写一个名为"context.xml"的 XML 文件，并把它放到当前项目的 WebContent 目录下的 META-INF 目录中。例程 7-11 中 context.xml 的代码如下：

```
context.xml（例程 7-11）
<?xml version="1.0" encoding="UTF-8"?><!DOCTYPE xml>
<Context>
 <Resource name="jdbc/xzbank"
  auth="Container"
  type="javax.sql.DataSource"
  driverClassName="com.microsoft.sqlserver.jdbc.SQLServerDriver"
  url="jdbc:sqlserver://localhost:1433; DatabaseName=Bank"
```

```
        username="sa"
        password="sa"
        maxActive="50"
        maxIdle="30"
        maxWait="10000" />
</Context>
```

其中，Resource 标签用于通知 Tomcat 服务器创建数据源（连接池），该标签的常用属性及含义如表 7-7 所示。

表 7-7

属性	含义
name	DataSource 的名称，如果使用 Resource 标签定义了多个数据源，这些数据源的 name 属性必须互不相同
type	设置连接池的类型，一般设置为 javax.sql.DataSource
driverClassName	指定数据库 JDBC 驱动程序
url	指定数据库的 URL
username	数据库登录名
password	数据库登录密码
maxActive	连接池中处于活动状态的数据库连接的最大数目，注意该值不能超过数据库服务器的连接数上限；取 0 表示不受限制
maxIdle	连接池中处于空闲状态的数据库连接的最大数目，例如该属性设置为 5，当空闲状态的连接数超过 5 时，连接池就会释放多余的空闲连接；取 0 表示不受限制
maxWait	设置连接池中没有空闲状态的连接对象可用时，用户请求连接对象需要等待的最长时间（单位为毫秒），如果超时，Tomcat 会抛出异常；取 0 表示无限制等待时间

第 2 步，创建连接池对象。

在例程 7-11 中定义了一个名为"ConnectionPool"的类实现对连接池的封装，具体代码如下：

```
ConnectionPool.java（例程 7-11）
package ch7.beans.utilty;
import java.sql.Connection;
import javax.naming.Context;
import javax.naming.InitialContext;
import javax.sql.DataSource;
public class ConnectionPool {
    private static DataSource ds=null;
    public synchronized static Connection getConnetion(){
        try {
            if(ds==null) {
                Context ctx = new InitialContext();
                Context envctx = (Context) ctx.lookup("java:comp/env");
                ds = (DataSource) envctx.lookup("jdbc/xzbank");
```

```
            }
            Connection conn=ds.getConnection();
            return    conn;
        }
        catch (Exception e) {
            e.printStackTrace();    return null;
        }
    }
}
```

在 ConnectionPool 类中定义了一个 DataSource 接口类型的静态成员变量 ds 和一个返回 Connection 类型的静态方法 getConnetion。getConnection 方法中的关键代码说明如下：

首先，创建一个实现 Context 接口的对象 ctx。

```
Context ctx = new InitialContext();
```

然后，让 ctx 对象去寻找 Tomcat 服务器曾绑定在运行环境中的另一个 Context 类型的对象。

```
Context envctx = (Context) ctx.lookup("java:comp/env");
```

其中的 "java:comp/env" 是 Tomcat 服务器绑定这个 Context 对象时使用的资源标识符（不可写错）。

接下来，使用 envctx 对象寻找在连接池配置文件 context.xml 中定义的数据源对象（在第 1 步中配置的数据源名称为 "jdbc/xzbank"）。

```
ds = (DataSource) envctx.lookup("jdbc/xzbank");
```

最后，从连接池 ds 中获得数据库连接对象并返回。

```
Connection conn=ds.getConnection();
return conn;
```

第 3 步，从连接池中获得数据库连接对象。

在例程 7-11 中定义一个名为 "SQLHelper2" 的数据库工具类来简化数据库访问操作，具体代码如下：

SQLHelper2.java（例程 7-11）

```
package ch7.beans.utilty;
import java.sql.Connection;
import java.sql.PreparedStatement;
import java.sql.ResultSet;
import java.sql.SQLException;
```

```java
import javax.sql.RowSet;
import com.sun.rowset.CachedRowSetImpl;
public class SQLHelper2{
    //从连接池获得连接对象
    private Connection conn=ConnectionPool.getConnetion();
    private PreparedStatement st;      //预编译 SQL 语句对象
    private ResultSet rs;              //记录集对象
    public Connection getConnection() { return conn; }
    protected void finalize() {    release(); } //析构方法，对象被销毁时调用
    public void release() {      //释放当前对象的相关资源
        if(rs!=null){              //关闭记录集对象
            try{ rs.close(); }
            catch (Exception e) { e.printStackTrace(); }
        }
        if(st!=null){         //关闭预编译 SQL 语句对象
            try{ st.close(); }
            catch (Exception e) { e.printStackTrace(); }
        }
        //"关闭"Connection 数据库连接对象
        //从连接池获得的连接对象，调用 close 方法并未真正关闭连接
        if(conn!=null){
            try{ conn.close();}
            catch (Exception e) {e.printStackTrace(); }
        }
    }
    public void beginTransaction() throws SQLException  {//开始事务的方法
        try { conn.setAutoCommit(false);return;    }
        catch(SQLException e) {e.fillInStackTrace();return; }
    }
    public void commit() {   //提交事务的方法
        try {conn.commit(); conn.setAutoCommit(true); return; }
        catch(SQLException e) {e.fillInStackTrace(); return;}
    }
    public void rollback() {   //回滚事务的方法
        try {conn.rollback();   conn.setAutoCommit(true);   return;}
        catch(SQLException e) {      e.fillInStackTrace(); return;         }
    }
    //执行增、删、改 SQL 语句的方法
    public int ExecuteSQL(String sql,Object params[]) throws SQLException{
```

```
        int rec=0;
        PreparedStatement st = null;
        try{
            st = conn.prepareStatement(sql);
            for(int i=0;i<params.length;i++){ st.setObject(i+1, params[i]); }
            rec=st.executeUpdate();
        }
        catch (Exception e) {    e.fillInStackTrace();    }
        finally{ return rec; }
    }
    //执行查询 SQL 语句, 返回离线状态 RowSet 类的对象
    //RowSet 与 ResultSet 类似, 但 ResultSet 需要保持数据库连接
    public RowSet getRowSet(String sql,Object params[])
                                        throws SQLException{
        try{
            st = conn.prepareStatement(sql);
            if(params!=null)  {
                for(int i=0;i<params.length;i++){st.setObject(i+1, params[i]);}
            }
            rs = st.executeQuery();          //先获得 ResultSet 对象
            CachedRowSetImpl rowset = new CachedRowSetImpl();
            rowset.populate(rs);//将 rs 内的数据复制到
            return rowset;
        }
        catch (Exception e) {e.fillInStackTrace();return null; }
    }
    public ResultSet getResultSet(String sql,Object params[])
                                        throws SQLException{
        try{
            st = conn.prepareStatement(sql);
            if(params!=null)  {
                for(int i=0;i<params.length;i++){st.setObject(i+1, params[i]);}
            }
            rs = st.executeQuery();             //先获得 ResultSet 对象
            return rs;
        }
        catch (Exception e) {    e.fillInStackTrace();return null;    }
    }
}
```

在 SQLHelper2 类中定义了一个 Connection 类型的成员变量 conn，并通过调用连接池封闭类 ConnectionPool 的 getConnection 方法获取连接对象对 conn 进行赋值。SQLHelper2 类中定义的其他方法及其功能如表 7-8 所示。

表 7-8

方法	功能
getConnection	返回 SQLHelper 类对象中的连接对象
finalize	析构方法，当该类对象被 JVM 的垃圾收集器回收时被调用
release	用于释放当前对象中的其他资源
beginTransaction	开始事务
commit	提交事务，实现对连接对象同名方法的封闭
rollback	回滚事务，实现对连接对象同名方法的封闭
ExecuteSQL	执行增、删、改 SQL 语句的方法
RowSet getRowSet	执行查询 SQL 语句，返回离线状态的 RowSet 类对象
ResultSet getResultSet	执行查询 SQL 语句，返回连线状态的 ResultSet 类对象

第 4 步，使用连接对象后将连接对象放回连接池。

例程 7-11 创建了一个名为"testconnpool.jsp"的 JSP 文件，该 JSP 文件使用数据库工具类 SQLHelper2 类的对象操作数据库。testconnpool.jsp 的具体代码如下：

```jsp
testconnpool. jsp（例程 7-11)
<%@page import="ch7.beans.utilty.SQLHelper2"%>
<%@page import="java.sql.ResultSet"%>
<%@page import="java.sql.Statement"%>
<%@page import="ch7.beans.utilty.ConnectionPool"%>
<%@page import="java.sql.Connection"%>
<%@ page language="java" contentType="text/html; charset=UTF-8"
    pageEncoding="UTF-8"%><!DOCTYPE html>
<html><head><meta charset="UTF-8"><title>使用 JDBC 连接池</title></head>
<body>
<%
    SQLHelper2 sqlHelper=new SQLHelper2();
    if(sqlHelper.getConnection()==null){
        out.write("从连接池获得连接对象失败！"); return;
    }
    sqlHelper.beginTransaction();
    try{
        Object[] param={};
        String sql = " update account set money=money-100 "
                +" where accountid='1001'";
        sqlHelper.ExecuteSQL(sql, param);
        if(Math.random()>0.9) throw new Exception("转出时发生错误！");
```

```
            sql = " update account set money=money+100 "
                +" where accountid='1002'";
            sqlHelper.ExecuteSQL(sql, param);
            if(Math.random()>0.8) throw new Exception("转入时发生错误！");
            sql = " insert into transactionlog values('1001','1002',100,getdate())";
            sqlHelper.ExecuteSQL(sql, param);
            if(Math.random()>0.8) throw new Exception("写日志时发生错误！");
            sqlHelper.commit();    //提交事务
            out.write("转账成功！<br>");
        }
        catch(Exception e){
            sqlHelper.rollback();    //回滚事务
            out.write("转账失败！"+e.getMessage()+"<br>");return;
        }
        finally{   sqlHelper.release();   }
%></body></html>
```

当调用 sqlHelper 对象的 release 方法时，会调用 sqlHelper 对象成员变量 conn 的 close 方法（见 SQLHelper2 类中 release 方法的代码），但从连接池中获得的 conn 对象的 close 方法并不是真正关闭该连接，而是把该连接对象重新放回数据库连接池中。

例程 7-11 的运行效果与例程 7-8 类似。

7.13　章节练习

一、单选题

1. 下述选项中不属于 JDBC 基本功能的是（　　　）。

A. 提交 SQL 语句　　　　　　　　　　B. 处理查询结果

C. 数据库维护管理　　　　　　　　　　D. 与数据库建立连接

2. 下面的代码是连接（　　　）数据库的驱动加载片段。

```
try{
    Class.forName("oracle.jdbc.driver.OracleDriver");
}catch(Exception e){   out.print(e.toString()); }
```

A. Oracle　　　　　　B. Sql Server　　　　　　C. MySql　　　　　　　　D. 不确定

3. 要执行预编译 SQL 语句应该使用的类型对象是（　　　）。

A. PreparedStatement　　　　　　　　B. Statement

C. CallabledStatement　　　　　　　　D. 以上都不是

4. 下列代码生成了一个结果集。

```
conn=DriverManager.getConnection(uri,user,password);
stmt=conn.createStatement();
ResultSet rs=stmt.executeQuery("select * from book");
```

下面对该 rs 描述正确的一项是（　　　）。

A. 游标只能向下移动的结果集　　　　　B. 游标可上下移动的结果集

C. 游标只能向上移动的结果集　　　　　D. 不确定游标移动方式

5. 在 Web 应用程序的目录结构中，在 WEB-INF 文件夹中的 lib 目录一般是放（　　　）的。

A. jsp 文件　　　　　B. class 文件　　　　　C. jar 文件　　　　　D. web.xml 文件

6. 将 ResultSet 对象的当前游标移动到最后一条记录的方法是（　　　）。

A. first()　　　　　B. next()　　　　　C. previous()　　　　　D. last()

7. 通过连接对象 conn 提交事务的语句是（　　　）。

A. conn.commit();　　　　　　　B. conn.rollback();

C. conn.setAutoSubmit(true);　　　　　D. conn.setAutoSubmit(false);

8. Statement 对象执行 select 语句时，应该调用的方法是（　　　）。

A. executeUpdate()　　　　　　　B. execute()

C. executeQuery()　　　　　　　D. query();

9. 能让可滚动可更新 ResultSet 对象删除第 2 条记录的正确代码是（　　　）。

A. sql = "select * from sysuser order by userid";
ResultSet rs = st.executeQuery(sql);　rs.deleteRow(2);

B. sql = "select * from sysuser order by userid";
ResultSet rs = st.executeQuery(sql);　rs.absolute(2);　rs.delete();

C. sql = "select * from sysuser order by userid";
ResultSet rs = st.executeQuery(sql); rs.absolute(2);　rs.deleteRow();

D. sql = "select * from sysuser order by userid";
ResultSet rs = st.executeQuery(sql);　rs.delete(2);

10. 获得可滚动可更新 ResultSet 对象 rs 中记录数量的正确方法是（　　　）。

A. rs.getRecordCount();　　　　　B. rs.last();　int n = rs.getrow();

C. int n = rs.getrow();　　　　　D. rs.last();　int n = rs.getNo();

二、简答题

1. 简述使用 JDBC 访问数据库（读取数据）的基本步骤。

2. 简述使用 JDBC 实现事务处理的基本方法。

三、编程题

1. 完成例程 7-1 至例程 7-10。

2. 结合数据库技术实现例程 3-4（用户注册案例）并以分页技术显示所有注册的用户信息。

3. 结合数据库技术实现例程 3-5（补课时间统计案例），即用数据库存储用户提交的空余时段信息。

4. 结合数据库技术实现例程 4-5（留言板案例），即用数据库存储用户提交的留言信息。

5. 结合数据库技术实现例程 6-2（登录处理案例），即用数据库存储所有的用户信息。

6. 编写一个 JSP 页面，采用如下方法实现分页显示：用变量 recordCount 表示总记录数，用变量 pageSize 表示每页记录数，用变量 pageNo 表示当前页号。要实现分页显示，可用如下形式的 SQL 语句查询得到第 pageNo 页的数据：

```
Select top pageSize * from 表名 where 排序字段 not in (
select top pageSize*(pageNo-1)) 排序字段 from 表名 order by 排序字段
)
Order by 排序字段
```

总页数 pageCount 用如下方式计算：

```
pageCount=Math.ceil(1.0*RecordCount/pageSize)
```

要求该 JSP 页面实现与例程 7-5 类似的效果。

第8章 简易聊天室的设计与实现

这一章讲解如何用 JSP 技术实现一个简易聊天室系统,目的是掌握一般 Web 应用系统中常用模块的实现方法。聊天室系统采用 MVC 模式开发,数据库管理系统采用 SQL Server 2008,JSP 引擎采用 Tomcat 8.0。

8.1 系统功能介绍

本章实现的简易聊天室主要包括用户注册、用户登录、聊天室查看与创建、聊天互动等模块,下面简要介绍各模块的功能。

(1)用户注册。

在系统登录界面中单击【注册】按钮,系统将显示如图 8-1 所示的用户注册界面。

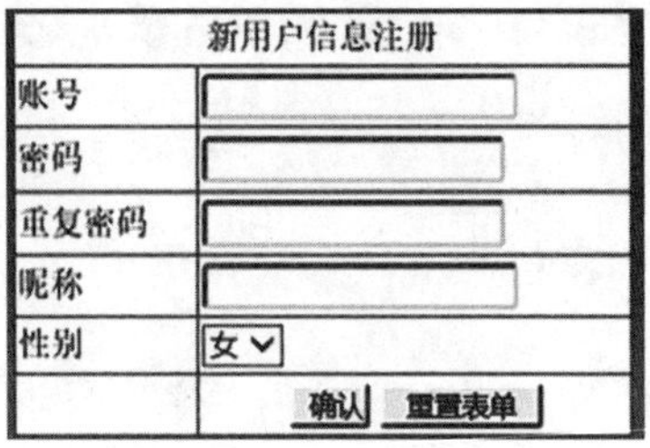

图 8-1

在上图所示的界面中输入账号、密码、昵称信息,并选择性别后,单击【确认】按钮进行用户注册。如果输入的数据不合法,系统会显示如图 8-2 所示的信息;否则系统会自动跳转至如图 8-3 所示的登录界面(说明注册成功)。

图 8-2    图 8-3

(2)用户登录。

用户在图 8-3 所示的界面中输入正确的账号、密码和验证码后,单击【登录】按钮,系统将显示如图 8-4 所示的"聊天广场"页面。

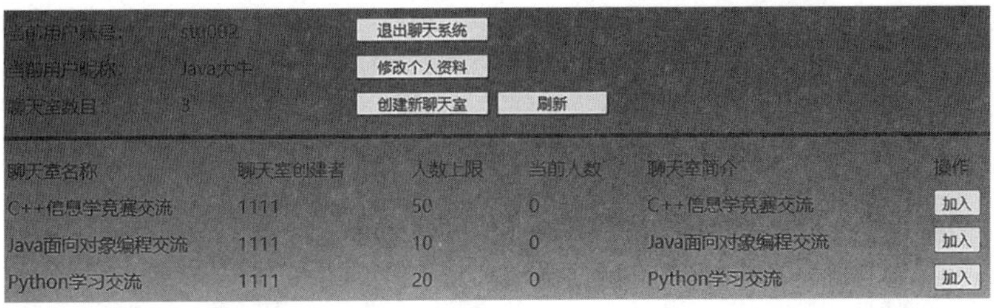

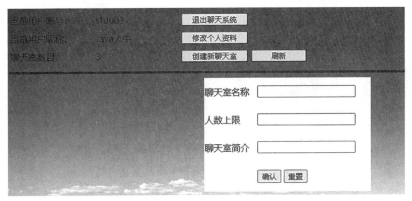

图 8-4

（3）聊天室创建。

在图 8-4 所示的界面中单击【创建新聊天室】按钮，系统将显示如图 8-5 所示的界面。

图 8-5

用户输入聊天室名称、人数上限和聊天室简介后，单击【确认】按钮，系统完成聊天室创建并跳转至"聊天广场"页面，新创建的聊天室如图 8-6 所示。

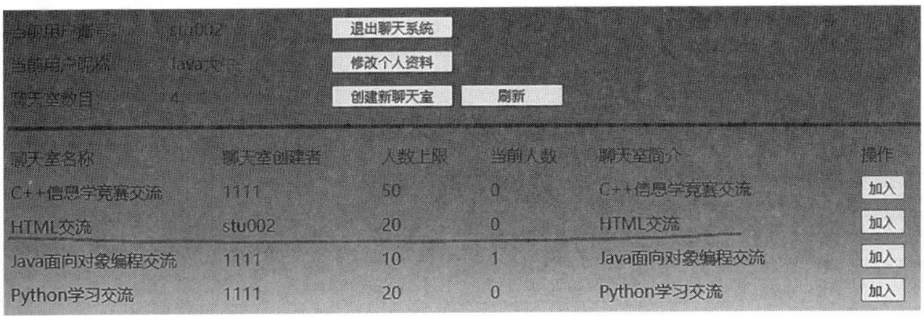

图 8-6

（4）聊天互动。

在图 8-6 所示的界面中，用户可以看到所有聊天室的名称、创建者、人数上限、当前人数等信息，单击某个聊天室（如"Java 面向对象编程交流"）后面的【加入】按钮，即可进入该聊天室进行聊天互动。聊天室内的界面如图 8-7 所示。

图 8-7

在聊天过程中，用户可以选择聊天对象、聊天内容的颜色。当选择聊天对象为"所有人"时，聊天内容对所有人可见，否则聊天内容仅自己和私聊对象可见。效果如图 8-8 所示。

09:21:28　Java大叔对大家说: 嗨! 大家好, 我回来了! ! ! (Java大叔进入当前聊天室)
09:21:33　你对大家说: 我还会再回来的! ! ! (Java大牛退出当前聊天室)
09:21:36　你对大家说: 嗨! 大家好, 我回来了! ! ! (Java大牛进入当前聊天室)
09:32:42　你悄悄地对Java大叔说: 老师, 你电脑是不是中毒了, 怎么一下进来又一下出去 :)
09:33:39　Java大叔悄悄地对你说: 哦哦哦, 不好意思, 刚才我孩子在乱点

图 8-8

8.2　数据库设计

聊天室系统的数据库名为 WebChat，该数据库拥有 3 张数据表，分别是用户信息表 chatter、聊天室信息表 chatroom 和聊天信息表 chatting。用户信息表 chatter 的结构如表 8-1 所示。

表 8-1

字段名	含义	类型	备注
id	用户编号	整型	主键、自增
userid	用户账号	char(20)	不空
password	用户密码	char(20)	不空
nickname	昵称	char(20)	不空
sex	性别	char(2)	不空
curroomid	当前所在聊天室编号	整型	外键
lastchattime	最后聊天时间	char(22)	

聊天室信息表 chatroom 的结构如表 8-2 所示。

表 8-2

字段名	含义	类型	备注
id	聊天室编号	整型	主键、自增
roomname	聊天室名称	char(20)	不空
roomhost	创建者	char(20)	不空
roomsize	聊天室大小	整型	不空
description	聊天室简介	char(200)	

聊天信息表 chatting 的结构如表 8-3 所示。

表 8-3

字段名	含义	类型	备注
id	聊天内容编号	整型	主键、自增
speakerid	聊天发言者编号	char(20)	不空
speaking	聊天内容	char(200)	不空
roomid	聊天室编号	整型	外键
speaktime	聊天时间	char(22)	不空
receiverid	聊天接收者编号	char(20)	不空

8.3　项目文件结构与工具类的设计

WebChat 项目中相关文件及其存放目录结构如图 8-9 所示。

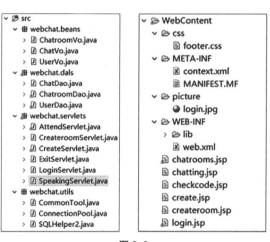

图 8-9

WebContent 目录下 META-INF 目录中的 context.xml 文件用于配置数据源，具体代码如下：

```
context.xml
<?xml version="1.0" encoding="UTF-8"?><!DOCTYPE xml>
<Context>
 <Resource name="jdbc/ webchat "
  auth="Container"   type="javax.sql.DataSource"
  driverClassName="com.microsoft.sqlserver.jdbc.SQLServerDriver"
  url="jdbc:sqlserver://localhost:1433; DatabaseName=WebChat "
  username="sa"   password="sa"
  maxActive="50"    maxIdle="30"    maxWait="10000" />
</Context>
```

包 webchat.utils 中的 ConnectionPool 类实现对连接池的封装，具体代码如下：

```java
ConnectionPool.java
package ch7.beans.utilty;
import java.sql.Connection;
import javax.naming.Context;
import javax.naming.InitialContext;
import javax.sql.DataSource;
public class ConnectionPool {
    private static DataSource ds=null;
    public synchronized static Connection getConnetion(){
        try {
            if(ds==null) {
                Context ctx = new InitialContext();
                Context envctx = (Context) ctx.lookup("java:comp/env");
                ds = (DataSource) envctx.lookup("jdbc/ webchat ");
            }
            Connection conn=ds.getConnection();     return conn;
        }
        catch (Exception e) { e.printStackTrace();    return null;  }
    }
}
```

包 webchat.utils 中的 SQLHelper2 类为数据库工具类，用于简化其他模块的数据库访问操作，其代码与例程 7-11 同名类相同，在此不再赘述。

包 webchat.utils 中的 CommonTool 类封装了一些聊天室系统用到的常用方法，具体代码如下：

```java
CommonTool.java
public class CommonTool {
    //将字符串转化为时间类型
    public static Date getDateFromStr(String dateStr) {
        SimpleDateFormat dateFormat=
                new SimpleDateFormat("yyyy-MM-dd HH:mm:ss");
        try { return dateFormat.parse(dateStr);}
        catch(Exception e) {     return new Date(); }
    }
    public static String getDateTime(Date date) {  //将时间转化为字符串
        SimpleDateFormat dateFormat=
            new SimpleDateFormat("yyyy-MM-dd HH:mm:ss");
```

```
        return dateFormat.format(date);
    }
    //将日期时间转化为字符串(仅时间信息)
    public static String getTime(Date date) {
        SimpleDateFormat dateFormat=new SimpleDateFormat("HH:mm:ss");
        return dateFormat.format(date);
    }
    //根据性别返回以不同颜色显示姓名的 HTML 代码
    public static String formatName(String sname,String sex){
        String msg="";
        if(sex.equals("0")){msg="<font color='red'>"+sname+"</font>";  }
        else{msg="<font color='blue'>"+sname+"</font>";  }
        return msg;
    }
    //对 content 表示的内容进行字符转换，预防部分前端脚本攻击
    public static String encodeHTML(String s){
        return s.replace("<", "&lt;").replace(">", "&gt;").replace("\"", "&quot;");
    }
}
```

8.4 用户注册与登录模块的实现

8.4.1 模型类

模型类 UserVo 用于描述用户基本信息，具体代码如下：

```
UserVo.java
public class UserVo  {
    private String userid;           //用户账号
    private String password;         //用户密码
    private String nickname;         //用户昵称
    private String sex;              //用户性别
    private int curroomid;           //当前所在房间
    private String lastchattime;     //最后发言时间
    //相应的属性访问器和属性修改器方法，代码略
}
```

8.4.2 数据访问类

数据访问类 UserDao 用于实现对用户信息表 chatter 的增、删、改、查等操作，具体代码如下：

```
UserDao.java
public class UserDao {
    public String updateLastChatTime(UserVo user) { //更新最后聊天时间
        SQLHelper2 sqlHelper2=new SQLHelper2();    //创建数据库工具类对象
        String state = "failed";    int res=0;
        try {
            String sql = "update chatter set lastchattime=? where userid=?";
            Object params[]={user.getLastchattime(),user.getUseid()};//设置 SQL 参数
            res = sqlHelper2.ExecuteSQL(sql, params);    //执行 SQL 语句
            if(res==1){ state = "success";    }
        }catch (SQLException e){ e.printStackTrace();    }
        finally { sqlHelper2.release();    }
        return state;
    }
    public String updateChatRoom(UserVo user) { //更换聊天室
        SQLHelper2 sqlHelper2=new SQLHelper2();
        String state = "failed"; Integer res=0;
        try {
            String sql = " update chatter "
                        +" set curroomid=?,lastchattime=? where userid=?";
            Object params[]= {user.getCurroomid(),
                                user.getLastchattime(),user.getUseid()};
            res = sqlHelper2.ExecuteSQL(sql, params);
            if(res==1){    state = "success"; }
        }catch (SQLException e){    e.printStackTrace();    }
        finally { sqlHelper2.release();    }
        return state;
    }
    public String addUser(UserVo user) throws Exception{ //保存注册的新用户
        SQLHelper2 sqlHelper2=new SQLHelper2();
        String state = "failed"; Integer res=0;
        try {
            String sql =  " insert into chatter(userid,password,nickname,
                        + " sex,curroomid,lastchattime) values(?,?,?,?,?,?)";
            Object params[]= {user.getUseid(),user.getPassword(),
        user.getNickname(),user.getSex(),user.getCurroomid(),user.getLastchattime()};
            res = sqlHelper2.ExecuteSQL(sql, params);
            if(res==1){ state = "success"; }
        }catch (SQLException e){ e.printStackTrace();}
```

```
        finally {sqlHelper2.release();}
        return state;
    }
    public int getUserCountinChatroom(int roomid)  {//统计指定聊天室人数
        int userCount=0; SQLHelper2 sqlHelper2=new SQLHelper2();
        try{
            String sql = " select count(*) as userCount from chatter "
                            +" where curroomid=?";
            Object params[]= {roomid};
            ResultSet res = sqlHelper2.getResultSet(sql, params);
            if(res.next()){ userCount= res.getInt("userCount");    }
        }
        catch (Exception e){            e.printStackTrace();    userCount=0; }
        finally { sqlHelper2.release();      }
        return userCount;
    }
    //获取指定聊天室的用户列表
    public List<UserVo> getUserList(int roomid) throws Exception{
        SQLHelper2 sqlHelper2=new SQLHelper2();
        try {
            String sql = "select * from chatter where curroomid=?    "
                    + "order by nickname";
            Object params[]= {roomid};
            ResultSet res= sqlHelper2.getResultSet(sql, params);
            List<UserVo> that = new ArrayList<UserVo>(); //创建用户列表对象
            while(res.next()){   //将 res 中的记录添加到用户列表对象
                UserVo it = new UserVo();
                String userid=res.getString("userid").trim();
                String nickname = res.getString("nickname").trim();
                String password = res.getString("password").trim();
                String sex = res.getString("sex").trim();
                int curroomid = res.getInt("curroomid");
                String lastchattime = res.getString("lastchattime").trim();
                it.setUserid(userid);    it.setPassword(password);
                it.setNickname(nickname); it.setSex(sex);
                it.setCurroomid(curroomid);
                it.setLastchattime(lastchattime);
                that.add(it);
            }
```

```
            return that;
        }
        finally { sqlHelper2.release();      }
    }
    public UserVo getUser(String userid) throws Exception{  //获取指定 id 的用户
        SQLHelper2 sqlHelper2=new SQLHelper2();    UserVo user=null;
        try{
            String sql = "select * from chatter where userid=?";
            Object params[]= {userid.trim()};
            ResultSet res = sqlHelper2.getResultSet(sql, params);
            while (res.next()){
                userid= res.getString("userid").trim();
                String nickname = res.getString("nickname").trim();
                String password = res.getString("password").trim();
                String sex = res.getString("sex").trim();
                int curroomid = res.getInt("curroomid");
                String lastchattime = res.getString("lastchattime").trim();
                user=new UserVo();    user.setUserid(userid);
                user.setPassword(password);    user.setNickname(nickname);
                user.setSex(sex);    user.setCurroomid(curroomid);
                user.setLastchattime(lastchattime);
            }
        }catch (Exception e){ e.printStackTrace(); return null; }
        finally { sqlHelper2.release();}
        return user;
    }
}
```

8.4.3　视图

用户注册与登录模块的视图包括两个 JSP 文件，分别是 create.jsp 和 login.jsp。用户注册页面 create.jsp 用于输入新注册用户的账号、密码、昵称、性别等信息，并提交给指定的 servlet 进行处理，具体代码如下：

```
create.jsp
<%@ page contentType="text/html;charset=UTF-8" language="java" %>
<html><head> <title>新用户信息注册</title></head>
<body background="picture/login.jpg" style="background-size:cover;
                background-attachment:fixed;background-color: #cccccc">
<form name="Form" action="createServlet" method="post">
```

```
<table border="1" style="border-collapse:collapse;
          width:300;height:200; margin:auto; background-color: #ffffff">
<tr> <td colspan="2" align="center">新用户信息注册</td></tr>
<tr><td>账号</td>
<td><input type="text" name="userid" style="border-radius: 3px" maxlength="10">
</td> </tr> <tr><td>密码</td>
<td><input   type="password"   name="password"   style="border-radius:   3px"
maxlength="10"></td> </tr>
<tr> <td>重复密码</td>
<td><input   type="password"   name="password2"   style="border-radius:   3px"
maxlength="10"></td></tr>
<tr><td>昵称</td><td>
<input type="text" name="nickname" style="border-radius: 3px" maxlength="10">
</td></tr>
<tr><td>性别</td> <td><select name="sex">
<option value="0">女</option><option value="1">男</option></select></td> </tr>
<%
String feedback=(String)session.getAttribute("feedback");
if(feedback==null) feedback="";
if(!feedback.equals("")){
%>
<tr><td>信息反馈: </td><td><font color="red"><%=feedback %></font></td> </tr>
<%} %>
<tr><td></td> <td align="center">
<input type="submit" value="确认" style="border-radius: 3px;width: 40px">
<input type="reset" value="重置表单" style="border-radius: 3px;width: 80px">
</td></tr></table></form>
<div align="center"><a href="login.jsp">返回登录页面</a></div></body></html>
```

用户登录页面 login.jsp 用于输入用户的账号、密码和验证码信息,并提交给指定的 servlet 进行处理,具体代码如下:

```
login.jsp
<%@ page contentType="text/html;charset=UTF-8" language="java" %>
<html><head><title>登陆</title>
    <link rel="stylesheet" type="text/css" href="css/footer.css">
</head><%   session.removeAttribute("curUser");   %>
<script>
    function create() { window.location.href = "create.jsp"; }
    function refresh() { Form.imgValidate.src = "validate.jsp?id="+Math.random(); }
```

```
</script>
<body background="picture/login.jpg" style="background-size: cover;
background-attachment: fixed;background-color: #cccccc">
<form name="Form" action="loginServlet" method="post" >
<table border="1" align="center" style="border-collapse:collapse;width:300;
height:200; margin:auto; background-color: #ffffff" style="opacity: 0">
<tr><td colspan="2">码缘聊天系统登录</td> </tr><tr><td>账号</td><td>
<input type="text" name="userid" style="border-radius: 3px" maxlength="20">
</td> </tr><tr><td>密码</td>
<td><input type="password" name="password"
style="border-radius: 3px" maxlength="20"></td></tr>
<tr><td>验证码</td><td><input type="text" name="code" size="10">
<img border="0" src=" checkcode.jsp" onclick="refresh()"></td></tr>
<tr><td></td><td align="center">
<input type="submit" value="登录" style="border-radius: 3px;width: 40px">
<input type="button" value="注册"
style="border-radius: 3px;width: 40px" onclick="create()"></td></tr>
<%
String feedback=(String)session.getAttribute("feedback");
if(feedback==null) feedback="";
if(!feedback.equals("")){
%><tr><td>信息反馈： </td>
<td><font color="red"><%=feedback %></font></td></tr>
<% } %></table></form></body></html>
```

JSP 页面 checkcode.jsp 用于生成验证码，并把验证码存入 session 对象，最后生成验证码图像并发送给客户端，具体代码如下：

```
checkcode.jsp
<%@ page import="java.awt.image.BufferedImage" %>
<%@ page import="java.awt.*" %>
<%@ page import="java.util.Random" %>
<%@ page import="javax.imageio.ImageIO" %>
<%@ page contentType="text/html;charset=UTF-8" language="java" %>
<html><head><title>验证码文件</title></head><body>
<%  //no-cache 设置不缓存请求或响应消息
response.setHeader("Cache-Control","no-cache");
int width=60,height=20;
//创建一个带透明色的 BufferedImage 对象
BufferedImage image =
```

```
new BufferedImage(width,height,BufferedImage.TYPE_INT_RGB);
Graphics g = image.getGraphics();//获取画布
g.setColor(new Color(200,200,200)); g.fillRect(0,0,width,height);
Random rnd = new Random();
int randNum = rnd.nextInt(8999) + 1000; //随机产生验证码
String randStr = String.valueOf(randNum);
System.out.println(randStr);
session.setAttribute("checkcode",randStr);   //将 randStr 存入 session 对象
g.setColor(Color.black);   g.setFont(new Font("",Font.PLAIN,20));
g.drawString(randStr,10,17);
for(int i=0;i<100; i++){  //画干扰点
    int x = rnd.nextInt(width); int y = rnd.nextInt(height); g.drawOval(x,y,1,1);
}
ImageIO.write(image,"JPEG",response.getOutputStream()); //输出到客户端
out.clear(); out = pageContext.pushBody();
%></body></html>
```

8.4.4　控制器类

控制器类 CreateServlet 用于接收 create.jsp 页面发送的表单数据，并根据相关数据构建
UserVo 类的对象，然后调用 UserDao 类的对象将新注册用户的信息添加到数据表 chatter 中，
最后根据操作结果跳转至指定的 JSP 页面，具体代码如下：

```
CreateServlet.java
@WebServlet("/createServlet")
public class createServlet extends HttpServlet {
    private static final long serialVersionUID = 1L;
    protected void doPost(HttpServletRequest request, HttpServletResponse
response) throws ServletException, IOException {
        request.setCharacterEncoding("utf-8");
        String userid = request.getParameter("userid");
        String password = request.getParameter("password");
        String password2 = request.getParameter("password2");
        String nickname = request.getParameter("nickname");
        String sex = request.getParameter("sex"); String curroomid = "0";
        String lastchatTime = CommonTool.getDateTime(new Date());
        if(userid==null || password==null || nickname==null || sex==null) {
            response.sendRedirect("create.jsp");return;
        }
        HttpSession session=request.getSession();
```

```
        userid=userid.trim(); password=password.trim();
        nickname=nickname.trim();sex=sex.trim();
        if(userid=="" || password=="" || nickname=="" || sex=="") {
            session.setAttribute("feedback", "输入的信息不完整！");
            response.sendRedirect("create.jsp");return;
        }
        if(!password.equals(password2)) {
            session.setAttribute("feedback", "两次输入的密码不一致！");
            response.sendRedirect("create.jsp");return;
        }
        userid = CommonTool.encodeHTML(userid);
        nickname = CommonTool.encodeHTML(nickname);
        UserDao userDao = new UserDao(); //创建数据访问类
        UserVo userVo = new UserVo();    //创建模型类
        String state = "failed";
        userVo.setUserid(userid);    userVo.setPassword(password);
        userVo.setNickname(nickname);    userVo.setSex(sex);
        userVo.setCurroomid(Integer.parseInt(curroomid));
        userVo.setLastchattime(lastchatTime);
        try {
            state = userDao.addUser(userVo);
        } catch (Exception e) { e.printStackTrace(); }
        System.out.println(state);
        if(state.equals("failed")){
            session.setAttribute("feedback", "注册失败，用户账号重复！");
            response.sendRedirect("create.jsp"); return;
        }
        session.setAttribute("feedback", ""); response.sendRedirect("login.jsp");
    }
    //其他方法的代码，略
}
```

控制器类 LoginServlet 用于接收 login.jsp 页面提交的登录请求，然后调用 UserDao 类的对象获取指定 userid 的 UserVo 类对象，最后根据登录验证结果跳转至指定的 JSP 页面，具体代码如下：

```
LoginServlet.java
@WebServlet("/loginServlet")
public class LoginServlet extends HttpServlet {
    private static final long serialVersionUID = 1L;
```

```
    protected void doPost(HttpServletRequest request, HttpServletResponse
response) throws ServletException, IOException {
        request.setCharacterEncoding("utf-8");
        String code = request.getParameter("code");
        String password = request.getParameter("password");
        String userid = request.getParameter("userid");
        HttpSession session = request.getSession();
        if(code==null || userid==null || password==null) {
            session.setAttribute("feedback", "");
            response.sendRedirect("login.jsp");return;
        }
        String checkcode = (String)session.getAttribute("checkcode");
        if(!code.equals(checkcode)) {
            session.setAttribute("feedback", "输入的验证码不正确！ ");
            response.sendRedirect("login.jsp");    return;
        }
        UserDao userDao = new UserDao();    UserVo userVo = null;
        try { userVo = userDao.getUser(userid);}
        catch (Exception e) { e.printStackTrace(); }
        if(userVo==null){
            session.setAttribute("feedback", "当前用户名账号不存在！ ");
            response.sendRedirect("login.jsp"); return;
        }
        if(!userVo.getPassword().equals(password)){
            session.setAttribute("feedback", "当前用户名或密码不正确！ ");
            response.sendRedirect("login.jsp");    return;
        }
        session.setAttribute("curUser",userVo);
        session.setMaxInactiveInterval(900); session.setAttribute("feedback", "");
        response.sendRedirect("chatrooms.jsp");
    }
    //其他方法的代码，略
}
```

8.5 聊天室查看与创建模块的实现

8.5.1 模型类

模型类 ChatroomVo 用于描述聊天室基本信息，具体代码如下：

```
ChatroomVo.java
public class ChatroomVo {
    private int roomid;              //聊天室编号
    private String roomname;         //聊天室名称
    private String roomhost;         //聊天室创建者编号
    private Integer roomsize;        //聊天室人数上限
    private String description;      //聊天室简介
    private Integer userCount=0;     //聊天室当前用户数量
    //相应的属性访问器和属性修改器方法，代码略
}
```

8.5.2　数据访问类

数据访问类 ChatroomDao 用于实现对聊天室信息表 chatroom 的增、删、改、查等操作，具体代码如下：

```
ChatroomDao.java
public class ChatroomDao {
    //将指定房间对象添加到数据库表中
    public void addChartroomVo(ChatroomVo chatroomVo) throws Exception{
        SQLHelper2 sqlHelper2=new SQLHelper2();
        try {
            String sql = " insert into chatroom"
                    +" (roomname,roomhost,roomsize,description) values(?,?,?,?)";
            Object params[]= {chatroomVo.getRoomname(),chatroomVo.getRoomhost(),
                    chatroomVo.getRoomsize(),chatroomVo.getDescription()};
            sqlHelper2.ExecuteSQL(sql, params);
        }
        catch(Exception e) {e.fillInStackTrace();}
        finally {sqlHelper2.release();}
    }
    //获取所有聊天室对象列表
    public List<ChatroomVo> getChartroomVo() throws Exception{
        SQLHelper2 sqlHelper2=new SQLHelper2();
        try {
            String sql = "select * from chatroom";    Object params[]= {};
            ResultSet that = sqlHelper2.getResultSet(sql, params);
            List<ChatroomVo> res = new ArrayList<ChatroomVo>();
            while(that.next()){
                ChatroomVo it = new ChatroomVo();
```

```
            it.setRoomid(that.getInt("id"));
            it.setRoomname(that.getString("roomname").trim());
            it.setRoomhost(that.getString("roomhost").trim());
            it.setRoomsize(that.getInt("roomsize"));
            it.setDescription(that.getString("description").trim());
            res.add(it);
        }
        return res;
    }
    finally {sqlHelper2.release();}
}
public ChatroomVo getChatroomVo(int roomid) { //获取指定 id 的聊天室对象
    SQLHelper2 sqlHelper2=new SQLHelper2();
    ChatroomVo chatroomVo=new ChatroomVo();
    try {
        String sql = "select * from chatroom where id=?";
        Integer[] numbers = new Integer[2];
        Object params[]={roomid};
        ResultSet res = sqlHelper2.getResultSet(sql, params);
        if(res.next()){
            chatroomVo.setRoomid(roomid);
            chatroomVo.setRoomname(res.getString("roomname").trim());
            chatroomVo.setRoomhost(res.getString("roomhost").trim());
            chatroomVo.setRoomsize(res.getInt("roomsize"));
            chatroomVo.setDescription(res.getString("description").trim());
        }
        return chatroomVo;
    }
    catch(Exception e) {e.fillInStackTrace(); return null;}
    finally {sqlHelper2.release(); }
}
public int getchatRoomCount() throws Exception{    //获取聊天室数量
    SQLHelper2 sqlHelper2=new SQLHelper2();
    String sql = "select count(*) number from chatroom";
    Object params[]= {};    Integer that = 0;
    try {
        ResultSet res = sqlHelper2.getResultSet(sql, params);
        if(res.next()) { that = res.getInt("number");    }
        return that;
```

```
        }
        catch (Exception e){ e.printStackTrace(); return that;}
        finally { sqlHelper2.release(); }
    }
}
```

8.5.3 视图

聊天室查看与创建模块的视图是 createroom.jsp 和 chatrooms.jsp 这两个 JSP 页面。聊天室查看（即聊天广场）页面 chatrooms.jsp 用于查看所有聊天室信息，具体代码如下：

```
chatrooms.jsp
<%@page import="webchat.dals.UserDao"%>
<%@page import="webchat.beans.UserVo"%>
<%@ page import="webchat.dals.ChatroomDao" %>
<%@ page import="webchat.beans.ChatroomVo" %>
<%@ page import="java.util.List" %>
<%@ page contentType="text/html;charset=UTF-8" language="java" %>
<html><head> <title>聊天广场</title>
<link rel="stylesheet" type="text/css" href="css/footer.css">
<%
UserVo curUser = (UserVo)(session.getAttribute("curUser"));
if(curUser==null){ response.sendRedirect("login.jsp");return;}
ChatroomDao chatroomDao =new ChatroomDao();
UserDao userDao = new UserDao();
%>
</head><script>
    function create() {   //使用了 Ajax 技术来显示 createroom.jsp 页面
        var xmlhttp = false;
        if(window.XMLHttpRequest){ xmlhttp = new XMLHttpRequest(); }
        xmlhttp.open("GET","createroom.jsp",true);
        xmlhttp.onreadystatechange = function (ev) {
            if(xmlhttp.readyState==4){ info.innerHTML = xmlhttp.responseText; }
        }
        xmlhttp.send();
    }
    function refresh() { window.location.href = "chatrooms.jsp";   }
    function modifyInfo() { window.location.href = "modifyinfo.jsp"; }
    function logout() { window.location.href="login.jsp"; }
</script>
```

```html
<body background="picture/login.jpg" style="background-size: cover;
    background-attachment: fixed;background-color: #cccccc">
<div style="width:600px;height: 100px;">
<table><tr style="height:30px">
<td width="150">当前用户账号： </td>
<td width="150"><%=curUser.getUseid() %></td>
<td><input type="button" value="退出聊天系统"
style="border-radius: 3px;width: 120px" onclick="logout()"></td></tr>
<tr style="height:30px"><td>当前用户昵称： </td>
<td><%=curUser.getNickname() %></td>
<td><input type="button" value="修改个人资料"
style="border-radius: 3px;width: 120px" onclick="modifyInfo()"></td></tr>
<tr style="height:30px"><td>聊天室数目： </td>
<td><%=chatroomDao.getchatRoomCount() %></td>
<td><input type="button" value="创建新聊天室"
style="border-radius: 3px;width: 120px" onclick="create()">
<input type="button" value="刷新"
style="border-radius: 3px;width: 100px" onclick="refresh()"></td></tr>
</table></div>
<hr style="border:    2px solid black"><div id="info" stype="margin:auto">
<table>
<tr style="height:30px">
<td width="200">聊天室名称</td><td width="150">聊天室创建者</td>
<td width="100">人数上限</td><td width="100">当前人数</td>
<td width="250">聊天室简介</td><td width="100">操作</td></tr>
<%
List<ChatroomVo> they = chatroomDao.getChartroomVo();
for(int i=0;i<they.size();i++){
    int userCount=userDao.getUserCountinChatroom(they.get(i).getRoomid());
    they.get(i).setUserCount(userCount);
%>
<tr style="height:30px">
<td><%=they.get(i).getRoomname()%></td>
<td><%=they.get(i).getRoomhost()%></td>
<td><%=they.get(i).getRoomsize()%></td>
<td><%=they.get(i).getUserCount()%></td>
<td><%=they.get(i).getDescription()%></td>
<td><button onclick="window.location.href='attendServlet?
roomid=<%=they.get(i).getRoomid()%>';">加入</button></td></tr>
```

```
<% }%></table></div> </body></html>
```

聊天室创建页面 createroom.jsp 用于让用户输入聊天室名称、人数上限和聊天室简介，并把相关数据提交给控制器 CreateRoomServlet 类，具体代码如下：

```jsp
createroom.jsp
<%@page import="webchat.beans.UserVo"%>
<%@ page contentType="text/html;charset=UTF-8" language="java" %>
<html><head> <title>创建新聊天室</title></head>
<%
UserVo curUser = (UserVo)(session.getAttribute("curUser"));
if(curUser==null){response.sendRedirect("login.jsp");return;    }
%>
<body><form action="createroomServlet" method="post">
<table style="border-collapse:collapse;width:300;height:200;
margin:auto; background-color: #ffffff">
<tr><td>聊天室名称</td>
<td><input type="text" name="roomname" maxlength="20"></td></tr>
<tr><td>人数上限</td><td><input type="number" name="roomsize"></td></tr>
<tr><td>聊天室简介</td>
<td><input type="text" name="description" maxlength="100"></td></tr>
<tr><td></td><td>
<input type="submit" value="确认"><input type="reset" value="重置"></td></tr>
<%
String feedback=(String)session.getAttribute("feedback");
if(feedback==null) feedback="";
if(!feedback.equals("")){
%>
<tr><td>信息反馈：</td><td><font color="red"><%=feedback %></font></td></tr>
<% } %></table></form></body></html>
```

8.5.4 控制器类

控制器类 CreateroomServlet 用于接收 createroom.jsp 页面提交的表单数据并构建 ChatroomVo 类的对象，然后调用 ChatroomDao 类的对象把新建聊天室的信息添加到数据表 chatrooms 中，最后根据操作结果跳转至指定的 JSP 页面，具体代码如下：

```java
CreateroomServlet.java
    @WebServlet("/createroomServlet")
    public class CreateroomServlet extends HttpServlet {
      private static final long serialVersionUID = 1L;
```

```java
    protected    void    doPost(HttpServletRequest    request,    HttpServletResponse
response) throws ServletException, IOException  {
        request.setCharacterEncoding("utf-8");
        HttpSession session= request.getSession();
        UserVo curUser=(UserVo)(session.getAttribute("curUser"));
        if(curUser==null) { response.sendRedirect("login.jsp");return; }
        String roomName = request.getParameter("roomname");
        String roomHost = curUser.getUseid();
        String roomsize =    request.getParameter("roomsize");
        String description = request.getParameter("description");
        if(roomName==null) roomName="";
        if(roomsize==null) roomsize="10";
        if(roomsize.equals("")) roomsize="10";
        if(description==null || description.equals("")) description=roomName;
        if(roomName.equals("")) {
            session.setAttribute("feedback", "输入的信息不完整！ ");
            response.sendRedirect("chatrooms.jsp"); return;
        }
        int maxUser=0;
        try {maxUser = Integer.parseInt(roomsize); }
        catch(NumberFormatException e) {maxUser = 10; }
        roomName = CommonTool.encodeHTML(roomName);
        description = CommonTool.encodeHTML(description);
        ChatroomVo chartroomVo = new ChatroomVo();
        chartroomVo.setRoomname(roomName);
        chartroomVo.setRoomhost(roomHost);
        chartroomVo.setRoomsize(maxUser);
        chartroomVo.setDescription(description);
        ChatroomDao chartroomDao = new ChatroomDao();
        try {   chartroomDao.addChartroomVo(chartroomVo); }
        catch (Exception e) {   e.printStackTrace();}
        response.sendRedirect("chatrooms.jsp");
    }
    //其他方法的代码，略
}
```

8.6　聊天互动模块的实现

8.6.1　模型类

模型类 ChatVo 用于描述聊天记录，关键代码如下：

```java
ChatVo.java
public class ChatVo  {
    private String speakerid;            //聊天记录编号
    private String speakerNickName;   //说话者昵称
    private String speakerSex;       //说话者性别，冗余是为了减少数据查询量
    private String speaking;         //发言内容
    private Integer roomid;          //所属聊天室编号
    private String speakTime;        //发言时间，YYYY-MM-DD HH:MM:SS 格式
    private String receiverId;       //聊天对象的编号，ALL 代表公聊
    //相应的属性访问器和属性修改器方法，代码略
}
```

8.6.2　数据访问类

数据访问类 ChatDao 用于实现对聊天信息表 chatting 的增、删、改、查等操作，具体代码如下：

```java
ChatDao.java
public class ChatDao  {
  public void speaking(ChatVo chatVo) throws Exception{  //向数据库写聊天记录
    SQLHelper2 sqlHelper2=new SQLHelper2();
    try {
      String sql = "insert into "
+"chatting(speakerid,speaking,roomid,speaktime,receiverId) values(?,?,?,?,?)";
      Object params[]= {chatVo.getSpeakerid(),chatVo.getSpeaking(),
          chatVo.getRoomid(),chatVo.getSpeakTime(),chatVo.getReceiverId()};
      sqlHelper2.ExecuteSQL(sql, params);
    }
    finally { sqlHelper2.release();}
  }
  //获取指定用户能看到的聊天信息列表
  public List<ChatVo> reading(int roomid,String userid) throws Exception{
    List<ChatVo> res = new ArrayList<ChatVo>();
    SQLHelper2 sqlHelper2=new SQLHelper2();
    try {
      String sql = " select top 50 a.speakerid,b.nickname,b.sex as speakersex, "
```

```
            + " a.speaking,a.speaktime,a.receiverId from chatting A, chatter B"
            + " where a.speakerid=b.userid and a.roomid=? "
            +" and (a.speakerid =? or a.receiverId=? or a.receiverId='ALL') "
            + " order by speaktime desc";
        Object params[]= {roomid,userid,userid};
        ResultSet that = sqlHelper2.getResultSet(sql, params);
        while(that.next()){
            ChatVo it = new ChatVo();
            it.setSpeakerid(that.getString(1).trim());
            it.setSpeakerNickName(that.getString(2).trim());
            it.setSpeakerSex(that.getString(3).trim());
            it.setSpeaking(that.getString(4).trim());
            it.setSpeakTime(that.getString(5).trim());
            it.setReceiverId(that.getString(6).trim());
            res.add(it);
        }
        return res;
    }
    catch (SQLException e) {e.fillInStackTrace(); return res; }
    finally {sqlHelper2.release();}
}
//将用户进入聊天室的信息添加到聊天记录表
public void attending(UserVo curUser) throws Exception{
    SQLHelper2 sqlHelper2=new SQLHelper2();
    try {
        String intime=CommonTool.getDateTime(new Date());
        String sql = " insert into chatting    "
            +"( speakerid,speaking,roomid,speaktime,receiverId) values(?,?,?,?,?)";
        Object params[]= {curUser.getUseid(),"嗨！大家好，我回来了！！！ ("
                    +curUser.getNickname()+"进入当前聊天室)",
                    curUser.getCurroomid(),intime,"ALL"};
        sqlHelper2.ExecuteSQL(sql, params);
    }
    finally { sqlHelper2.release();}
}
//将用户退出聊天室的信息添加到聊天记录表
public void exit(UserVo curUser) throws Exception{
    SQLHelper2 sqlHelper2=new SQLHelper2();
    try {
```

```
        String outtime=CommonTool.getDateTime(new Date());
        String sql = "insert into chatting "
          +" (speakerid,speaking,roomid,speaktime,receiverId) values(?,?,?,?,?)";
        Object params[]= {curUser.getUseid(),"我还会再回来的！！！ ("
                +curUser.getNickname()+"退出当前聊天室)",
                curUser.getCurroomid(),outtime,"ALL"};
        sqlHelper2.ExecuteSQL(sql, params);
      }
      finally {sqlHelper2.release(); }
    }
}
```

8.6.3　视图

聊天互动模块的视图为 chatting.jsp 页面，该页面用于查看聊天信息、输入聊天信息并提交给 SpeakingServlet 类进行处理，具体代码如下：

```
chatting.jsp
<%@page import="webchat.dals.UserDao"%>
<%@page import="webchat.utils.CommonTool"%>
<%@page import="webchat.beans.UserVo"%>
<%@page import="webchat.beans.ChatroomVo"%>
<%@page import="webchat.dals.ChatroomDao"%>
<%@ page import="java.util.List" %>
<%@ page import="webchat.beans.ChatVo" %>
<%@ page import="webchat.dals.ChatDao" %>
<%@ page contentType="text/html;charset=UTF-8" language="java" %>
<%! String colorList[][]={
        {"black","黑色"}, {"red", "红色"}, {"orange", "橙色"},{"pink","粉色"},
        {"green","绿色"},{"Cyan","青色"},{"blue","蓝色"},{"Purple","紫色"}
    }; %>
<%
UserVo curUser = (UserVo)(session.getAttribute("curUser"));
if(curUser==null){    response.sendRedirect("login.jsp");return; }
if(curUser.getCurroomid()==0){ response.sendRedirect("chatrooms.jsp");return;}
String wordcolor=(String)session.getAttribute("wordcolor");
if(wordcolor==null) wordcolor="black";
ChatroomDao chatroomDao=new ChatroomDao();
ChatroomVo chatroomVo=chatroomDao.getChatroomVo(curUser.getCurroomid());
ChatDao chatDao = new ChatDao(); UserDao userDao = new UserDao();
```

```
%><html><head><title>聊天室内</title>
    <link rel="stylesheet" type="text/css" href="css/footer.css"></head>
<script> window.location.href = 'chatting.jsp#bottom';    </script>
<body background="picture/login.jpg" style="background-size: cover;
background-attachment: fixed;background-color: #cccccc">
<h1 align="center"> ###<%=chatroomVo.getRoomname() %>### 聊天室</h1>
<div style="width:90%;height:450px;position:absolute;top:70px;
OVERFLOW-Y: auto; OVERFLOW-X:hidden;overflow:scroll">
<table>
<%   //获取聊天记录列表
List<ChatVo> chatVos =
        chatDao.reading(curUser.getCurroomid(),curUser.getUseid());
for(int i=chatVos.size()-1;i>=0;i--){   //逐行输出聊天记录
    ChatVo curChat=chatVos.get(i);
%>
<tr><td width="70">
<%=CommonTool.getTime(CommonTool.getDateFromStr(curChat.getSpeakTime()))%>
</td><td><%
String msg="";
if(curChat.getSpeakerid().equals(curUser.getUseid())){
    msg=msg+CommonTool.formatName("你", curChat.getSpeakerSex());
}
else{
    msg=msg+CommonTool.formatName(curChat.getSpeakerNickName(),
curChat.getSpeakerSex());
}
if(!curChat.getReceiverId().equals("ALL")){
    msg=msg+"悄悄地对";
    if(curChat.getReceiverId().equals(curUser.getUseid())){
        msg=msg+CommonTool.formatName("你",curUser.getSex());
    }
    else{
        UserVo listener = userDao.getUser(curChat.getReceiverId());
        if(listener!=null && curChat.getReceiverId()!=curUser.getUseid()){
        msg=msg+CommonTool.formatName(listener.getNickname(),listener.getSex());
        }
    }
}
else{msg=msg+"对大家";}
```

```
msg = msg + "说:   "+curChat.getSpeaking(); out.println(msg);
%></td></tr>
<%}%></table><a id="bottom"></a>
</div>
<div style="position:absolute;top:580px; width:90%; height:100px" >
<form action="speakingServlet" method="post">
对<select name="receiverId" style="height: 30;width: 15%">
<option value="ALL" selected>所有人</option>
<%
List<UserVo> userList=userDao.getUserList(curUser.getCurroomid());
for(int i=0;i<userList.size();i++){
    UserVo tempUser=userList.get(i);
    if(tempUser.getUseid().equals(curUser.getUseid())) continue;
    out.println("<option value='"+tempUser.getUseid()+"'>"
                    +tempUser.getNickname()+"</option>");
}
%></select>用<select name="wordcolor" style="height: 30;width: 6%">
<%
for(int i=0;i<colorList.length;i++){
  if(colorList[i][0].equals(wordcolor)){
    out.println("<option value="+colorList[i][0]+" selected>"
    +colorList[i][1]+"</option>");
  }
  else{
    out.println("<option value="+colorList[i][0]+">"+colorList[i][1]+"</option>");
  }
}
%></select>说
<input type="text" name="speaking" maxlength="150"
style="height:30;width: 45%">
<input type="submit" style="height: 30;width: 8%" value="发送">
<input type="button" style="height: 30;width: 8%"
value="刷新" onclick="window.location.href = 'chatting.jsp'"/>
<input type="button" style="height: 30;width: 8%"
value="退出" onclick="window.location.href = 'exitServlet';">
</form></div></body></html>
```

8.6.4　控制器类

该模块的控制器类有 3 个：AttendServlet、SpeakingServlet 和 ExitServlet。其中 AttendServlet 类用于处理用户进入某个聊天室的请求，具体代码如下：

AttendServlet.java

```java
@WebServlet("/attendServlet")
public class AttendServlet extends HttpServlet {
    private static final long serialVersionUID = 1L;
    protected void doGet(HttpServletRequest request, HttpServletResponse response)
throws ServletException, IOException {
        request.setCharacterEncoding("utf-8");
        ChatroomDao chatroomDao = new ChatroomDao();
        HttpSession session = request.getSession();
        UserVo curUser=(UserVo)(session.getAttribute("curUser"));
        if(curUser==null) {response.sendRedirect("login.jsp");return; }
        String room = request.getParameter("roomid");
        int roomid;
        try {roomid = Integer.parseInt(room); }
        catch(NumberFormatException e) {roomid=0;}
        try{
            curUser.setCurroomid(roomid);    //设置当前用户的当前聊天室 id
            ChatroomVo curChatroom = chatroomDao.getChatroomVo(roomid);
            UserDao userDao = new UserDao();
            userDao.updateChatRoom(curUser); //更新到数据库
            int userCount=userDao.getUserCountinChatroom(roomid);
            if(userCount<curChatroom.getRoomsize()){ //判断是否满员
                curChatroom.setUserCount(userCount);
            }
            else{ response.sendRedirect("chatrooms.jsp"); return; }
            ChatDao chatDao = new ChatDao();
            chatDao.attending(curUser);    //写入用户进入聊天室的信息
        }
        catch (Exception e){ e.printStackTrace(); }
        response.sendRedirect("chatting.jsp");
    }
    //其他方法的代码，略
}
```

SpeakingServlet 类用于处理用户提交的聊天记录，具体代码如下：

```java
SpeakingServlet.java
@WebServlet("/speakingServlet")
public class SpeakingServlet extends HttpServlet {
    private static final long serialVersionUID = 1L;
    protected void doPost(HttpServletRequest request, HttpServletResponse
response) throws ServletException, IOException {
        request.setCharacterEncoding("utf-8");
        HttpSession session= request.getSession();
        UserVo curUser=(UserVo)(session.getAttribute("curUser"));
        if(curUser==null) {response.sendRedirect("login.jsp");return;}
        String chatTime = CommonTool.getDateTime(new Date());
        String speaking = request.getParameter("speaking");
        if(speaking.length()>150) speaking=speaking.substring(0,150);
        String receiverId = request.getParameter("receiverId");
        String wordcolor = request.getParameter("wordcolor");
        if(speaking==null || receiverId==null) {
            response.sendRedirect("chatting.jsp");return;
        }
        if(wordcolor==null) wordcolor="black";
        session.setAttribute("wordcolor", wordcolor);   //记录当前用户的聊天颜色
        speaking = CommonTool.encodeHTML(speaking);
        speaking ="<font color='"+wordcolor+"'>"+speaking+"</font>";
        UserDao userDao = new UserDao();
        curUser.setLastchattime(chatTime); userDao.updateLastChatTime(curUser);
        ChatDao chatDao = new ChatDao();    ChatVo chatVo = new ChatVo();
        chatVo.setSpeaking(speaking); chatVo.setSpeakerid(curUser.getUseid());
        chatVo.setReceiverId(receiverId);    int roomid = curUser.getCurroomid();
        chatVo.setRoomid(roomid);    chatVo.setSpeakTime(chatTime);
        try{ chatDao.speaking(chatVo); }
        catch (Exception e){ e.printStackTrace();}
        response.sendRedirect("chatting.jsp");
    }
    //其他方法的代码，略
}
```

ExitServlet 类用于处理用户退出聊天室的请求，具体代码如下：

```
ExitServlet.java
@WebServlet("/exitServlet")
public class ExitServlet extends HttpServlet {
    private static final long serialVersionUID = 1L;
    protected void doGet(HttpServletRequest request, HttpServletResponse response)
throws ServletException, IOException {
        request.setCharacterEncoding("utf-8");
        HttpSession session= request.getSession();
        UserVo curUser=(UserVo)(session.getAttribute("curUser"));
        if(curUser==null) { response.sendRedirect("login.jsp");return; }
        ChatDao chatDao = new ChatDao();
        try{chatDao.exit(curUser); }
        catch (Exception e){ e.printStackTrace();}
        response.sendRedirect("chatrooms.jsp");
    }
    //其他方法的代码，略
}
```

8.7　章节练习

对本章实现的聊天室系统进行完善，增加用户信息修改、密码修改、以分页方式显示指定聊天室的聊天记录等功能。另外，增加系统管理员角色，并实现如下功能：删除聊天室、为用户授予和收回聊天室创建权限（具有相应权限的用户才能创建聊天室）、查询并删除特定聊天记录等。